JN255235

キャビアの歴史

CAVIAR: A GLOBAL HISTORY

NICHOLA FLETCHER
ニコラ・フレッチャー【著】
大久保庸子【訳】

原書房

目次

［……］は翻訳者による注記である。

SE &

序章◉太古の海の精髄(エキス)

ほら、どう？　とばかりそれは私を招いていた。私の本格的キャビア体験がまさかエディンバラで、ロイヤル・ハイランド・ショー［家畜、農産物、特産品などが出展され、さまざまな競技会、試食会・試飲会なども行なわれる年に一度の一大イベント］で始まろうとは思いも寄らなかった。私がそこを訪ねたのは、シェフ、テレビタレント、フードライター、実業家などさまざまな顔を持つクラリッサ・ディクソン・ライトに会うためだった。ブースにクラリッサの姿はなかった。けれども奥のほうにベルーガキャビアの大きなブルーの缶が見えた。開けたばかりで手つかずの缶にはそっときらめくようなグレーの粒が詰まっていた。私はうっとりした。そんな私の視線に気づいてか、クラリッサのアシスタントのイソベルは気前よくひとさじすくうと、高価なその真珠を大きなトーストの上に広げて言った。「あなたのブースに持ち帰って、ご主人と召し上がれ」

少々恥ずかしい気もするが、夫はキャビアというものを見たことがなかった。私はトーストの上のキャビアを舐めるように口に含んだ。とりこになった。それは口の中で溶けて、何か原始的なもの、それでいてもどかしいほど言葉にできない何かに変わっていった。この感覚を何度でも何度でも味わいたいと思った。それはまさに太古の海の精髄(エキス)だった。ショーの喧騒の中、私は立ちつくし、ひとり別世界にいた。キャビアがそれほどまでに求められる理由を、私はそのとき悟ったのである。

当時の私は、野生資源であるチョウザメが直面していたいろいろな問題をおぼろげにしか認識していなかった。ましてその原因となると、ほとんど何も知らなかったと言っていい。が、その数年後、経済日刊紙フィナンシャルタイムズ紙に記事を求められ、その件について調査を始めたことをきっかけに、チョウザメをめぐる驚くべき実態と乱獲による悲劇を認識するようになった。エディンバラでのあのキャビア体験のことは今もよく考える――あのとき、危機にさらされている種の未来を食べているとわかっていたら、私はどのような反応を示しただろう。

あの体験と似たようなことは１９８０年代に日本を訪れたときにも経験した。日本で鯨肉を出されたら、まんざら偽りでもないから、宗教を理由に丁重に辞退しようと決めていた。

ある晩、私は料亭（驚くほど高価で、芸者が給仕を務めてくれる高級レストラン）に招かれた。細やかな趣向を凝らした料理がさまざまな形状の小鉢、小皿に少しずつ盛り付けられて次々に提供された。なかでも四角い生魚の一品がとてもおいしかった。あれは何だったのですかと私は尋ねた。してはならない質問だった。鯨肉は、それが鯨肉だと知らなければ、あってはならないほどおいしいのである。

高級食材が高値を呼ぶのは大抵の場合、それが稀少であり、その入手がむずかしいということの現れだ。が、ほんとうにそれだけが高値の理由なのか？　高級食材は実際それほどにおいしいのか？　それとも何か不可思議な力がはたらいて、それがおいしさを演出しているのか？　確かに私はキャビア体験にノックアウトされたが、あのときは美食家のごちそうを前にして、おいしくないわけがないととっさに思い込んでしまったのではないか？　もし私がかつてのヴォルガ川周辺の漁師のようにほぼ毎日キャビアを入手できていたら、あるいはそう、良質のベーコンを毎朝食べるように日常的にキャビアを楽しむことができていたら、私はやはりキャビアに魅せられ続けるのだろうか？　いや、キャビアでなくてスモークサーモンで考えたほうがいいかもしれない——時折少し食べるスモークサーモンはおいしいけれど、毎日続けば「もうたくさん」と言いたくもなる。そのあたりのことをはっきりさせたいと私は思った。

キャビアの缶詰。ロシアのレシピ本より。

今日、キャビアは各国で珍重され、贅沢品、ロマンたっぷりのロシアの象徴（アイコン）あるいはステータス・シンボルと見なされている。たとえば英国の女優キャサリン・ゼタ・ジョーンズはイラン産キャビアと、オリーブオイルにトリュフのエキスを添加したトリュフ・オイルを使い、１回２００ポンドかけて髪をトリートメントしていると言われる。では、何か立派なプロジェクトを立ち上げれば、それでひとつの種の絶滅を正当化することができるのだろうか？　答は「ノー」である。

このことこそ、ある種のチョウザメがいま直面している現実なのだ。どこかのキャビア闇市場が荒稼ぎをしたせいで、判断のむずかしい問題が浮上している。野生資源から採取されるすべてのキャビアの販売を禁止してチョウザメを救うべきではないのか？　いや、責任を問われている水産会社にはむしろ販売を認め、その代わりにチョウザメの稚魚を放流するための経費を調達するという重大な責務を負わせるべきではないのか？　どちらの案を採るべきか、理想主義者と現実主義者の熱い論戦が続いている。

もし天然キャビアがこのまま最期を迎え、やがて誰もわざわざ賞味しようとは思わない代物になったりすれば、それはもう悲劇でしかない。代用品が続々と出回り、「本物の」キャビア体験に代わる代用体験が提供されていくことになるのだろう。問題はまだまだ多く残っている。本書は手軽な読み物ではあるが、そういった問題に対する答えも用意した。ここで結論をあっさり言ってしまえば、キャビアには豊かな歴史もあると同時に、持続可能な未来もある。ただしこれには、その未来を実現させる気持ちがわれわれにあれば、という条件がつく。

第1章◉古代魚、チョウザメ

◉最古の生物

チョウザメはおとなしい。釣り上げられても暴れたりしない。この世界に生きる最古の生物の証として、およそ2億年前のジュラ紀初期の地層からその化石が見つかっている。化石を見ると、この魚の姿形は古代からほとんど変化していないことがよくわかる。チョウザメは、いくつもの種を絶滅させた猛暑や極寒の中を生き抜いただけでなく、200万年前に現れた人類とも共存してきた。それでも次章で取り上げるような、もっとも粗雑な伝統的漁法からさえ逃れようとする本能に欠けているらしく、この150年の間にヒトの活動によって事実上絶滅の危機に瀕することになった。

チョウザメはチョウザメ科（学名 *Acipenseridae*）に属し、今日では約25種の仲間がいるとされるが、交雑やその遺伝現象の複雑さから、分類はかなりむずかしい［日本語では紛らわしいが、チョウザメはサメではない］。ヨーロッパの大手キャビア・バイヤー、アルメン・ペトロシアンは「チョウザメは実に不思議な魚で、いまだにわかっていないことが多くある」と言う。最古にして最大の硬骨魚にもかかわらず硬骨より軟骨のほうが多い点、また――古代魚のしるしではあるが――背、腹面にはウロコではなく硬鱗が並んでいる点など、確かに興味はつきない［硬鱗は現在ではチョウザメ類他のきわめて限られた魚にしか存在しない原始的なウロコであるとされるが、著者は硬鱗をウロコではないとしている］。

ウロコを持たないということは、厳密に言えば、ユダヤ教徒にとってはコーシャー［ユダヤ教の立場から見て食べるのに適した清浄な食物］ではなく、イスラム教徒にとってはハラル［宗教的に見て合法な食物］ではなく、いずれにとってもチョウザメは食料ではないことになる。

チョウザメは堂々たる大きさに成長する。１７３６年にヴォルガ川河口で捕獲されたベルーガ（学名 *Huso huso* チョウザメの最大種オオチョウザメ）は体長８・６メートル、体重２トンを超えていた。１８２７年には１・47トンのものも獲られたが、現在では十分に成長する前に捕獲されるため、いくら大きくてもそれほどのサイズにはならない（１９８９年に表彰までされたアストラハン市博物館の標本でさえ９００キロに達していなかった）。

最大種のベルーガ（オオチョウザメ）。このオオチョウザメは1908年にアストラハンで捕獲された。ディークマン・アンド・ハンセン社にて。ベルーガに足をのせているのがフェルディナント・ハンセン。

チョウザメには河川や湖に生息するものもいるが、多くの種は遡河性（そかせい）である。つまりふだんは海に棲むが、産卵時には小石が多く、水の澄んだ河床（かしょう）を求めて遡上（そじょう）する。多くの場合、大河川の河口に生息し、大きいものはサーモンほどの大きさの魚から、小さいものは甲殻類、無数の小さな底生（ていせい）生物に至るまでを餌としている。チョウザメは前に伸びた口先部分と餌を感知するひげを使って河床、海底から底生生物を掘りあて、そのユニークな口にダイレクトに取り込む。動物学者であり漁業調査官でもあったフランク・バックランドが１８８１年に記しているとおりである。

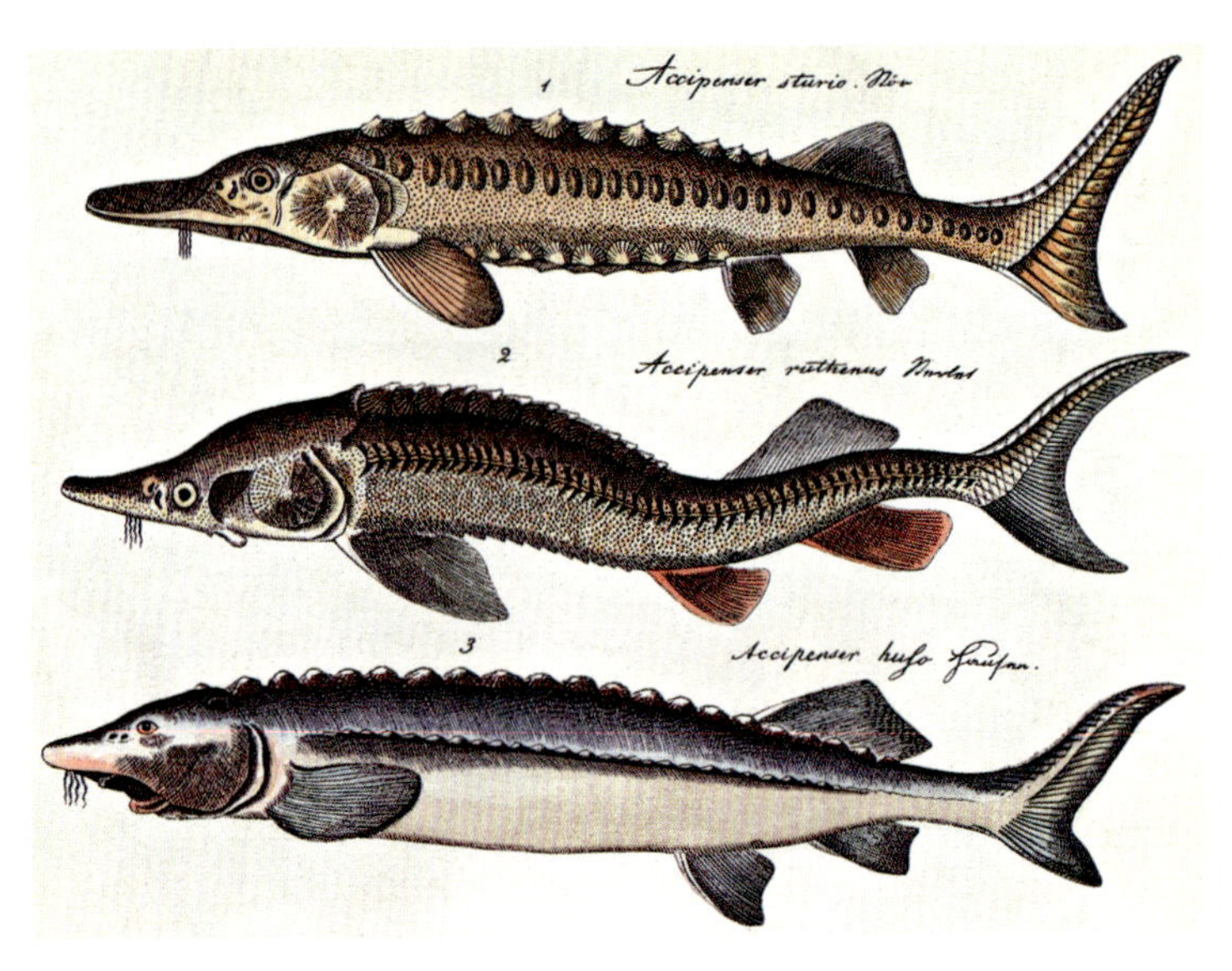

ヨーロッパチョウザメ、コチョウザメ、オオチョウザメ。E・ブロッホの『博物誌 *Natural History*』（1782年）より。尾びれの長い上葉とひげに注目。

チョウザメは歯などは必要としないで底生生物を食べる。だからチョウザメには歯がない。代わりに実にすばらしい口先がある。それは固く閉じてノズルのようになったり、かなりの長さに伸びたりできて潜望鏡のようである。このような口を使って行なわれる採餌行動のメカニズムは、機械装置を美しいとほれぼれ眺める人々ならば、動物の創造に示された美として一見の価値を認めるであろう。

独特のこの採餌行動はベンシック・クルージング［水底回遊の意］と言われる。ユニークな位置［頭部の下面］

オシェトラ（シップスタージョン）。尾びれの上葉が長い。

に開いている口だけでなく、チョウザメは尾びれもユニークだ。上方部分［上葉］が下方部分［下葉］より際立って長い。このような尾びれを左右に揺らせることで、水流に逆らって体勢を維持し、分厚く積もった泥の中まで掻きまわすことができるのである。

チョウザメの寿命は驚くほど長い。種によってはゆうに100年を超える。寒冷な地域ではチョウザメのような大型種は成魚となって産卵するまで20年はかかる。そこで問題が、つまりキャビアの需要が高まるあまり、産卵を待たずにチョウザメが捕獲されてしまうという事態が生じてくる。1880年代には西ヨーロッパを流れるほとんどの大河川の河口でヨーロッパチョウザメもベルーガも大群をなしていた。が、今日ではそうした河川からまったく姿を消したか、あるいはごく少数がいるだけになってしまった。この状況はアメリカにおいても同様だ。

ただし、そもそも珍重されていたのはキャビアではなく、チョウザメそのものだった。チョウザメは、王や女王、大司教、皇帝、ロシアやエジプトなどの国家君主の所有物だった。ナイル川中流

ルクソールにあるハトシェプスト女王の廟内にあるチョウザメの浅彫りレリーフ。紀元前1460年頃。

のルクソールにあるハトシェプスト女王の廟から出土した紀元前1460年頃の浅浮き彫りのレリーフにはチョウザメがきざまれている。

イングランド王エドワード2世［1284～1327］の治世にはチョウザメを王室のものとする法律が可決され、以後無効にされることはなかった。だから2002年にウェールズの海岸沖に迷い込んだヨーロッパチョウザメが誤って捕獲された際、問題のチョウザメをロンドンの自然史博物館に寄贈するにも搬送するにも王室の許可が必要となった。

古代ギリシアにあっては魚肉が大いに好まれ、チョウザメの多い三角州——黒海、アゾフ海［黒海北方にある内海］に注ぎ込む巨大な河口に漁場が造られた。アテナイではチョウザメが途方もない高値を呼び、アンフォラ［両取っ手付きの大型の壺］1杯分のチョウザメ肉には羊100頭以上の価値があったとされる。何千年もの間、チョウザメはその巨大さと肉のおいしさで晩餐会に威光を添えた。紀元200年頃にはアテナイオス［哲学者・雄弁家］が、太鼓が鳴り響き、音楽が流れるなかを花輪で飾られたチョウザメが晩餐会へと運ばれていったと記している。

ローマ人もチョウザメを求めたらしく、ローマから遠く離れたウェールズの遺跡にすら、チョウザメを飼育しようとしたらしい痕跡を見ることができる。博物学者の大プリニウスも、500キロのチョウザメを海から引き上げるのに何頭もの雄牛が使われたことを記録している。子牛肉のような味わいのチョウザメ肉はキリスト教の四旬節［復活節の準備として行なわれる断食あるいは節食と改悛の期間］の時期に重宝された。

「チョウザメの肉は部位によって色も味も違う。腕のいいコックなら1匹のチョウザメを牛肉にもマトンにも、ポークにもチキンにもできる。つまりチョウザメは魚肉であり、獣肉であり、鳥肉でもあるということだ」と、外科医であり博物学者でもあった英国人バックランド［1826～80］は評している。アメリカでは――チョウザメが豊富だった時代の話だが――チョウザメ肉はオールバニー［ニューヨーク州東部］ビーフの名で販売された。ロシアではチョウザメの肉ばかりでなく、その脊髄がスープを作るのに珍重された。浮き袋もアイシングラス［魚由来のゼラチン］を作るのに利用され、ヨーロッパ全土のキッチンでワインの清澄剤（せいちょうざい）として用いられた。

◉海の宝石　キャビア

キャビアはチョウザメの卵のみで作られる。チョウザメ以外のどんな魚の卵も、「キャビア」という単語を含んだどんな加工品も、使われた魚の種名を加えることで紛らわしさを払拭しなければならない。

「キャビア」の語源はギリシア語の avyaron（アヴィアーロン）、イタリア語の caviale（カヴィアーレ）、あるいはトルコ語の haviar（ハヴィアル）あたりにあるのではないかとされている。けれども一段ともっともらしく響くのは、こうした単語はもともとペルシア語の単語が転訛したもの、つまり訛っていった結果ではないかという説だ。というのもペルシア語には「卵でいっぱいの魚」を意味する mahi-e-khâveeyâr（マーヒー・イエ・ハヴィーヤール）という単語も、「産卵」を意味する khâya-dar（ハーヤ・ダール）という単語もあるからだ。

一方「キャビア」の意味を混乱させている単語もある。ロシア語 osetr（オシェトラ）だ。この単語は種類にかかわらずチョウザメ全般を示す一方で、この語とこの語から転じた複数の単語がロシアチョウザメ（学名 *A. gueldenstaedtii*）に限らずあらゆる種類のチョウザメの卵から作られたキャビアも意味している。こうした事実からみると、ロシア語の場合にはチョウザメという単語がそのままキャビアとして広まってしまった可能性が高い。

古代世界にあっては――チョウザメ肉ほどの評価は集めなかったにしても――魚卵も食されていたことは間違いない。紀元前4世紀にはアリストテレスがチョウザメの卵について注目すべきコメントを残しているし、シフノス島［エーゲ海南部キクラデス諸島中部にある島］の新喜劇作家ディフィロスも生キャビアと塩漬けキャビアの違いを論じている。

その後しばらくキャビアに関しての記述はほとんど見当たらなくなるものの、11世紀から12世紀頃になると、ビザンティン帝国の通商記録に再び現れるようになり、コンスタンティノープルの贅沢な一品として「カビアリ」が詩の中に詠(うた)われたりするようになる（キャビアが節食期間中に食してよいものとしてギリシア正教会、ロシア正教会に見なされたことと時期的に一致する）。

肉を口にしないことが求められる日々が半年以上も続く社会にあって、キャビアは安価な栄養源となった。教会から公認されると、キャビアはロシア人の骨の髄まで浸透した。そしてそんなロシアから、世界中にキャビア熱が広まった。

◉キャビアの調製

ワイン造り同様、キャビアの調製もその工程(プロセス)は単純だ。が、ワインの場合と同じように、繊細な素材を原料としているために、何年も積み上げられてきた経験がものを言う。それは、

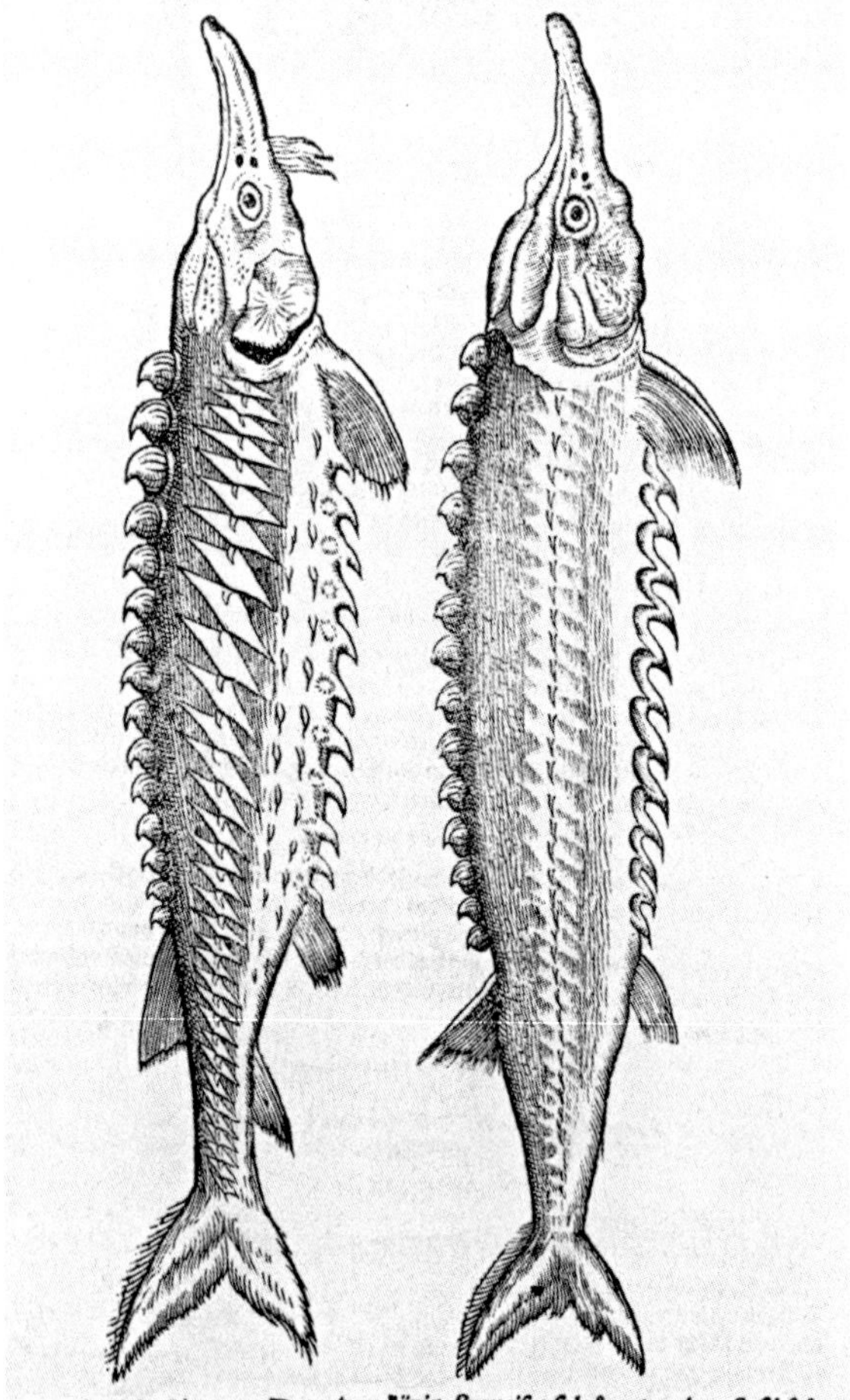
Flüssen nach streychend. CLXXXV

gen werdend dañ im meer. Dann dem künig Francisco sol zů zeyten einer 18. schůch
lang gezeigt worden seyn/so sind sy auch 14. schůch lang zů Antorfft gesehen worden:

スイスの博物学者コンラート・ゲスナーによる『動物誌 *Historia animalium qui est de piscibus*』（1558年）に掲載された2匹のチョウザメ。

何かを生産する方法というよりは芸術品を生み出す技といっていいくらいだ。

まず、卵は最適に成熟していなければならない。つまり大きくなっていなければならないが、自然に放卵される前でなければならない。また、魚が気づかないうちに卵を素早く取り出さなければならない。魚が死んでしまったら酵素（エンザイム）が発生する。卵が台無しになるくらいで済めばまだしも、卵が病原菌に感染してしまうことにもなりかねない。ときとして闇市場のキャビアの味に不快なものを感じる原因はここにある。

調製者は終始衛生的な条件下で作業を進める必要がある。とはいえ、たとえ同じ作業を行なうにしても、日陰の河岸から空調設備完備の工場まで、その作業環境は千差万別だ。衛生的かつ空調完備といった条件から、病院の手術室のような部屋を連想する人がいるかもしれないが、キャビアは器具・機材には頼れない手仕事である。ロシアではキャビアを扱う熟練職人は ikryanchik（イクラーチカ）として知られている。ちなみにロシア語で言う ikra（イクラー）とは魚卵とキャビア全般を意味する。

手早く作業することが何より肝心で、少量であれば10分とかからずに調製される。卵は大きさ、色、状態、そして言うまでもなくチョウザメの種類によって等級づけされる。卵から薄い卵膜をはぎ取る作業はふるいを用いて手で行なわれ（この段階の卵には弾力がある）、洗浄、水切りと作業が続いて不純物が取り除かれる。

次は塩漬けである。どのように調整するにしても、塩の質は重要だ。キャビアによっては医薬品品質の塩が使われたり、あるいはリューネブルク（ドイツ）の塩、ゲランド（フランス）の塩、ヴォルガ盆地の塩など、特定の地域、特定の岩塩鉱で作られた塩が使われたりする。かつてロシアの製塩業者は7年もの歳月をかけて塩を熟成していた。そうすることで余分な塩素を取り除いていたと思われる。

ロシアの伝統的キャビアには塩にわずかにホウ砂（しゃ）が添加される。木製の樽に入れたキャビアをカスピ海周辺のホウ砂が大量に含まれた土壌に埋めて保存していたことにヒントを得て始まった方策だ。ホウ砂は防腐剤の役割を果たす一方でキャビアに甘味を加えるから、（ホウ砂の添加を禁じている日本やアメリカ市場に向けたキャビアのように）ホウ砂を含まないキャビアは塩辛くなりがちだ。

塩漬けが終わると、キャビアは100年以上使われてきた昔ながらの大きな容器つまり1・8キロ入るブリキ缶にきっちりと詰められる。空気、油分、卵の最適なバランスを求めたシステムとしてこれ以上のものはない。そして慎重に蓋がかぶせられ、幅広の赤いゴムベルトで密封される。缶の中でキャビアは次第に塩分を吸収し、わずかに膨れながら、完璧な丸い粒となって空気を吐き出す。それで完了だ。キャビアはマイナス2℃で最長1年そのまま保存され、その間に上質のワイン同様、独自の風味をわずかに変化させていく。

現代のキャビア作りのようす(プルニエ社工場にて)。どのプロセスも厳重に管理された条件下で行なわれ、必要とされる塩のタイプとその量を見極めるのは調製責任者の仕事とされる。卵をふるいにかけて塩漬けする作業は、河岸で行なわれようと無菌状態の養殖場で行なわれようと、何百年もの間変わらない工程だ。写真一番上は卵膜から卵を取り出すところ、中央は塩漬け作業、一番下は20世紀初頭に使われていたのと同じ缶にキャビアを詰めるところを示している。

さまざまなキャビア缶。カラフルであか抜けている。大きい缶は業務用で1.8キロ入り。

◉栄養価

馴染みのないエキゾチックな食品の常として、キャビアは健康によいとか、性欲を高めるとか、諸説入り乱れて評価されている。魚卵はどれも栄養価が高いが、キャビアにもカリウム、リン、カルシウム、ビタミンA、ビタミンDばかりか、他の魚介類同様、健康によいとされる長鎖脂肪酸［n－3系多価不飽和脂肪酸ことオメガスリー］が豊富に含まれている。アセチルコリンの含有量が多く、耐アルコール度を高めるため、二日酔いに効くとも言われる（塩分が強くて喉が渇くので、19世紀のアメリカでは、客がどんどん飲みたくなるようにと酒場で提供された）。

驚くにはあたらないが、キャビアは古くからずっとその栄養価を内科医にも一般大衆にも認められてきた。豊富で安価だった頃、母親たちはキャビアを乳離れ期の子供に与えた。キャビアは体によいと信じ込んでいた最後のロシア皇帝（ツァーリ）は、キャビアを自らの子供たちに朝食代わりに食べさせた。

筆者の知人の若いロシア人女性ターニャも5歳くらいの頃、「魚介類を食べたくないのならせめてキャビアだけでも」と医師から言われたという。そして彼女の母親は小さな丸いパンに3粒の高価な「塩漬けの黒い魚卵」をのせて「ターニャ、パンにのっている分だけでも食べてちょうだい、私のためだと思って」と、懇願するように言ったという。ターニャにはおいしいとも何とも思われなかった。今でも彼女の好物は赤いキャビア（イクラー）である。

魚類とその副産物は、海の泡から誕生したという古代ギリシアの愛と美の女神アフロディテと常に結びついてきた。あまりロマンティックな話ではないが、性欲促進性に関して言えば、キャビアは血流を促進するL‐アルゲニンを含み、同じく海の幸であるロブスターやカキと並んで高く評価され、そちら方面の効能もあると見なされている。

16世紀に活躍した医師であり、風刺作家でもあったラブレーは「……もっとも実体験豊かな医師が決定的に証拠づけていることだが、四旬節の頃、男たちは一年中でもっとも多く性欲を高める食べ物を口にする」と記した。また1825年にはフランスの法律家、著述家であり美食学の創始者でもあるブリヤ＝サバランが、魚由来のある食品について「衆目の一致するところだが、それは遺伝因子に強くはたらきかけ、性欲と生殖本能を目覚めさせる」と記している。そしてこうした見解に楯突いた者はひとりもいなかったのである。

第2章 ◉ ロシアの拠りどころ、イクラー

◉カスピ海

ロシアの人々はキャビアという単語を使わない。この事実から察すると、ロシアにあってキャビアはもともとそれほど高い評価を受けていなかったと思われる。ロシアではキャビアは単純明快にイクラーと呼ばれる。そのイクラーはかつてロシア中で、さらにはかつてロシア帝国であったすべての地域で作られていた。それは今も変わらないが、現在チョウザメの天然キャビア生産で大きな割合を占めているのはカスピ海沿岸の国々だ。

カスピ海は世界最大の内陸湖であり塩湖である。その大きさはカリフォルニア州の面積に匹敵するほどで、北端周辺では温帯性気候でありながら冬になると凍結もする。ほぼ

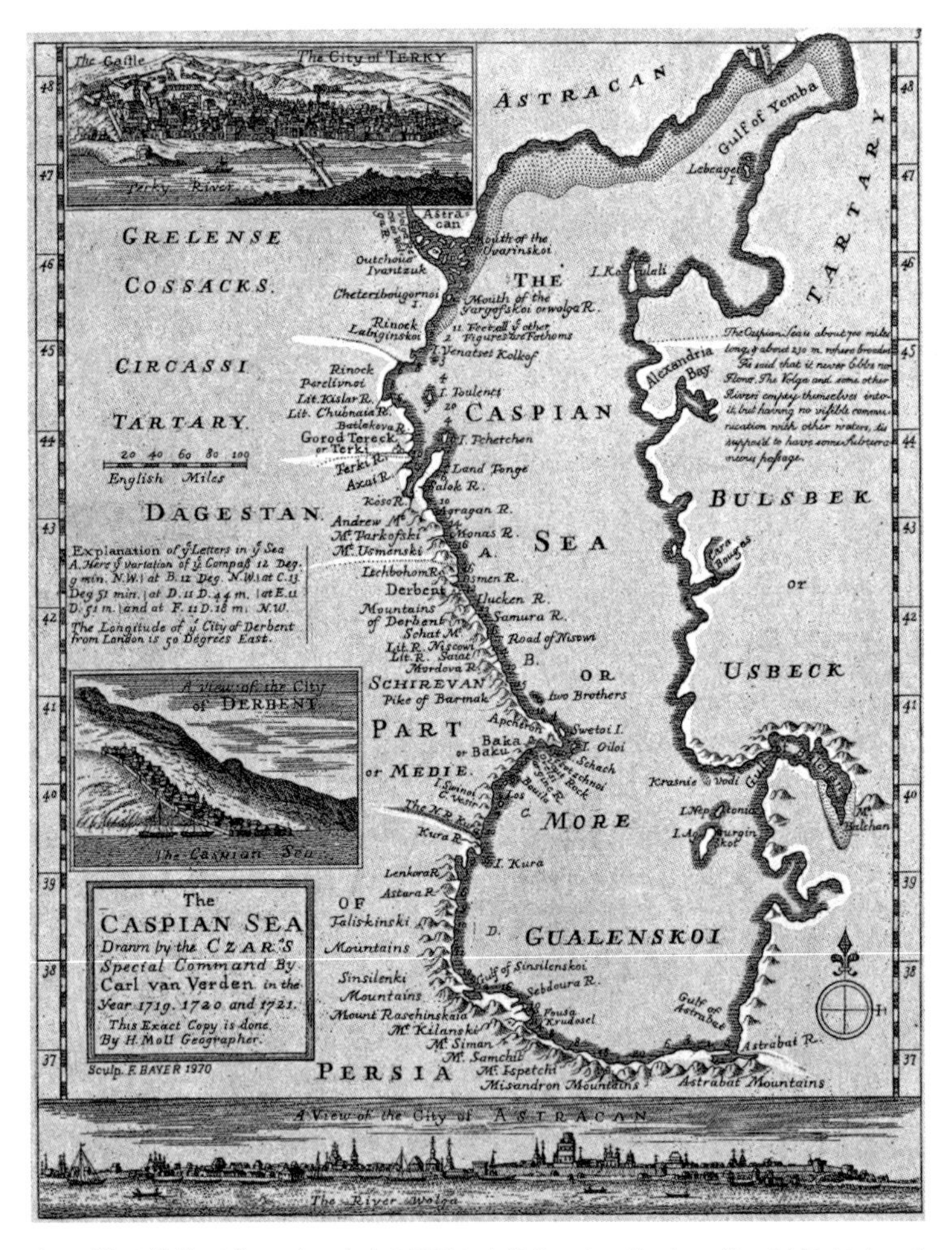

カスピ海の地図。ピョートル大帝の指示によりカール・ヴァン・ヴェルデンによって1719年から1721年にかけて作成された。

300を数える河川が注ぎ込むカスピ海では水の稀釈化と土砂の堆積が進み、その水は海水ほど塩辛くなく水深も浅い。そうした無数に流れ込む河川の中で群を抜いて大きいのがヴォルガ川だ。広大な三角州を形成しながら、カスピ海の水のほぼ80パーセントにあたる水量を注ぎ込む。

地質的に見ると、カスピ海沿岸地域全体には石油と天然ガスが豊富に埋蔵されている。紀元前700年頃にはカスピ海の西海岸つまり現在のアゼルバイジャン付近で拝火教（ゾロアスター教）を信仰し始めた人々が天然ガスの噴出口の横に寺院を建設した。また13世紀には東方を歴訪したイタリアの旅行家マルコ・ポーロが噴き出る炎や天然油田のことを書き留めている（とはいえ、食べることのできない石油にマルコ・ポーロはまるで価値を認めていないのだが）。地形的には、この一帯は地殻振動に脆弱であるために溶岩の噴出や地震が発生しやすい。カスピ海の水位が、不可解なことにときどき上昇したり下降したりするのはこうした地形に原因があるのかもしれない。実際、1977年以降カスピ海の水位は2メートル上昇している。

川底に堆積した大量の有機物質は、驚くほど多種多様の魚類、鳥類、動植物にとっての完璧な餌場を作り上げた。なかでもカスピ海と言えば、底生生物を含んだ沈泥(ちんでい)の中で採餌し、川を遡上して産卵するチョウザメで有名だ。しかし、太古の昔からずっと食に恵まれてきた

チョウザメの腹面の図版。フランスの博物学者ビュッフォンの『博物誌』より。

海のコケーニュ［家々は大麦糖菓子で造られ、道にはパイが敷かれ、店には無料の品が並び、空には焼き鳥が飛んでいるという中世の物語に出てくる国］――カスピ海のありがたい恵みが、今まさに滅びようとしている。わずか150年のうちにチョウザメは絶滅の危機に瀕し、衰退の一途をたどっている。いったい何がどうなって楽園が滅茶苦茶になったのだろう？ 楽園はもう蘇（よみがえ）らないのだろうか？

歴史的に見れば、カスピ海は旧世界のさまざまな文化を背負った人々――ヨーロッパの人々、アジアの人々、ロシア人、モンゴル人、アラブ人、ペルシア人が出会う場所だった。交易商は東方との通路シルクロードを行き来した。彼らは広大なペルシア帝国、言い換えればステップ地帯［ロシアの南西部・東欧南部・アジアの西部にある大草原地域］を越えてヨーロッパの商人が活躍していた黒海、アゾフ海に至る地域に絹製品や香辛料を持ち込み、塩、金（きん）や宝飾品と交換しては商いに精を出した。

その黒海やアゾフ海にはチョウザメが多く生息していた。ただし、チョウザメの卵は多くのコミュニティでまだそれほど高い評価を受けていなかった。魚卵は栄養価が高いものの、家畜の餌とされたり、一般大衆の食料として食されていた。近年になってもイランの漁村の主婦はチョウザメの卵、パン屑、鶏卵でパッティー［魚・肉などを練り粉で包んで揚げたり焼いたりして作る食べ物］を作っていたくらいだ。

キャビアが最初どこで作られたのか、誰もよくは知らない。古代エジプト、中国、ギリシア、トルコ、ペルシア――いずれも候補地になり得る。塩漬けは、食料の保存法として、どこで行なわれていたとしても不思議はないからだ。われわれにわかっているのは、キャビアが数百年の間にロシア文化のもっとも重要な象徴のひとつに格上げされていったという事実だけである。

●征服者バトゥ・ハン

ロシアのキャビアが格式高いディナーに提供されたというもっとも古い記録は1240年頃だ。その頃モンゴルの征服者バトゥ・ハン［チンギス・ハンの孫］はモスクワとキエフを徹底的に破壊し、中央ロシアの大部分をずたずたにした。バトゥ・ハンはヴォルガ川のほとりに落ち着くと、新しく家臣となった人々との顔合わせを兼ねて、妻のユルドゥズを伴ってウグリチ［ロシア西部のヴォルガ川にのぞむ古都］にあった復活修道会修道院を訪れた。修道僧が贅をつくして準備した多くの料理の中にはチョウザメのスープ、丸ごとローストしたチョウザメが含まれていた。これは敬意を払うべき（というより恐ろしい）客人をもてなすためのディナーとしては当時めずらしいものではなかった。

しかし、デザートがユニークだった。地元名物の熱い砂糖漬けリンゴに塩漬けのチョウザメの卵をのせた一品が登場した。その匂いにユルドゥズは吐き気をもよおして退席してしまったが、バトゥは完食した。結果として修道院は破壊されることなく維持され、キャビアも生きながらえた。1280年にはキャビアはロシア正教から節食期間中の食べ物として公認され、魚卵のほうが魚肉より安価だったこともあって、節食期間中の農民たちの食料としてせっせと口にされるようになった。

モスクワ地方の人々は北方から領土を奪還しようと試みたが、失敗に終わった。バトゥ配下のモンゴル人は、戦略的理由からシルクロード沿いに国家を建設し、首都をヴォルガ三角州にある（今で言う）アストラハンの近くに置いた。そのため古来その地域で活動していたユダヤ教徒のハザール族はイティルの砦から追い払われてしまった。ハザール族は商人としてよく知られ、ステップ地帯、チョウザメ漁が盛んだったカスピ海地域を200年にわたって支配していた。ただし彼ら自身はチョウザメ漁をしなかった。ウロコのないチョウザメは、ユダヤ教の立場から言えば、いわゆるコーシャーとは見なされないからだった。

モンゴル人はチョウザメを忌み嫌ってはいなかったから、さっそくチョウザメの捕獲システムを作り上げた。縄紐にいくつもフックをつけて木杭のような固定物にしっかり留めておき、遡上してきたチョウザメが引っかかって身動きできなくなった頃に縄紐を引き上げるというものだった。

三角州に林立する木杭。これによってチョウザメはヴォルガ川の浅瀬を遡上できなくなる——漁師にとっては容易な捕獲方法。J・J・シュトラウスの1678年の旅日誌より。

最初期のこうした漁法は実に荒っぽいと思われるかもしれないが、それほど大量のチョウザメが生息し、哀れなほどあっさり捕獲できたということであり、実際、以後の600年ほどの間は、漁法を見直さなければと考える必要などどこにもなかったのである。19世紀のヴォルガ川漁場を描いた図版を見てもその漁法に変化はなく、1850年代にアレクサンドル・デュマが記したとおりのチョウザメ漁が行なわれていた。

河にバリケードを築く。この作業は流れが浅ければ浅いほど蝶鮫は、千、二千の群れをなして遡上を始めようとする。しかしこれができないので、河口で右往左往する。そこには何本かの横木が渡されており、それに太い釣り針のようなものが吊るされていて、水深五〇センチから一メートルくらいに浮かしてある……行ったり来たりしながらどれかの障害物を強行突破しようとして引っ掛かってしまい、肉に針を食い込ませ、身動きができなくなる。流れを横切って仕掛けられた梁と梁の間を小舟に乗った漁師たちが動き回って、針に掛かった蝶鮫を回収していく。小舟がいっぱいになったところで、処理場にもっていく。ここで一日に二、三千の蝶鮫がハンマーや大槌で処理されるのである。〔『デュマの大料理事典』辻静雄他訳（岩波書店）より〕

モンゴル人は漁場を西へ、つまり黒海およびアゾフ海のチョウザメが多く生息する水域にまで拡大した。そしてそこから、がちがちに塩詰め保存されたチョウザメが、ヴォルガ川産の塩と一緒にヴェネチアの貿易船でイタリアに初めて持ち込まれていった。200年後にはヴェネチア人は年間船2隻分のキャビアを――カヴィアーロあるいはカヴィアーレと呼んで――買うようになる。

◉ロシア皇帝とコサック

一方北方のロシア帝国軍はモンゴル勢力に抵抗を始め、モスクワからヴォルガ川沿いに軍隊を進めてカスピ海を目指した。1556年、ついにイワン雷帝ことイワン4世がモンゴル人の砦を攻略して、アストラハンの重要なチョウザメ漁場の支配権を取り戻した。イワン雷帝は十分の一税として、年間水揚げの一部を求めると同時に、その際チョウザメは生きたままモスクワまで運ばれなければならないとした。当時にあっては至難の業だ。チョウザメは水揚げされると驚くほどおとなしくなるが、それでも死なせてはならないから、気づけ薬代わりにウォッカが噴霧された。ロシア人はチョウザメとキャビアに実によく慣れ親しんだ。供給量もどんどん増えて、年間ほぼ200日に及ぶこともある節食の日々が設けられている社会にとって、それは重宝な授かりものとさえなった。

かなりの犠牲を払ってステップ地帯を取り戻したロシア皇帝は、当然ながら、その地を二度と手放したくなかった。そのためには、その地に移住して国境を警備することをロシア人に奨励する必要があった。種々多様な人々が未知のその地域に移り住むことになった。ロシアの封建社会を逃れてきた農奴もいれば、正教会の分裂による迫害を逃れてきたラスコーリニキ［ロシア正教会古儀式派の信徒］もいた。農奴制や迫害から逃れて自由を得た代わりに、彼らは死ぬまでロシアの国境を守ることになった。こうしたユニークな背景の中で、自立心と誇りを持ってひとつにまとまった集団がコサックの名で知られる人々だった。

コサックの中には国境警備兵となる者のほかに、優秀な騎馬兵、勇猛果敢な兵士、あるいは海賊となる者もいたが、腕のよい漁師となっていくつものロシア大河の沿岸に住み着く者も少なくなかった。たとえば彼らの手によってドン川、ウラル川、ヴォルガ川から実に大量のチョウザメとキャビアが産出された。節食期間中には肉食を控えなければならないという事情があったにしても、ロシア人は魚を好んだ（そして今も好んでいる）。

1656年の聖枝祭［復活祭直前の日曜日］にロシア皇帝付き財務責任者だったボリス・イヴァノヴィッチ・モロゾフが催した晩餐会には60品もの魚料理が提供され、その中には15品のさまざまなチョウザメ料理も含まれていた。プレストキャビア［圧縮加工したチョウザメの卵］、ブラックキャビア［ベルーガ、オシェトラ、セヴルーガなどの卵］、チョウザメの骨髄のワサビ添え、産卵期のコチョウザメの背骨、生チョウザメとキュウリの付け合わせ、ボイルしたコチョウザメ、チョウザメの頭部の半割り、ベルーガの腸、黒コチョウザメ、チョウザメの白子のパイ、大型チョウザメ（オシェトラ）のパイ、生チョウザメの頭部の半割り、ベルーガの腹骨、チョウザメの中骨、2匹のチョウザメの背骨などだ。持ち帰り用に最後に登場したのは、ベルーガとチョウザメ20匹の背骨である。

キャビアは、生のまま食べる場合――ドイツ人学者アダム・オレアリウスによれば、その際にはコショウとタマネギと一緒に食したとされる――もあれば、圧縮してペースト状にしたり調理したりして食べる場合もあったようだ。たとえばスライスしたプレストキャビアにピクルス、きざみタマネギ、コショウ、漬物用塩水（ブライン）と水を加えて蒸して作る魚のスープ（カーリヤ）はこの頃のモスクワ名物だった。

アレクセイ・ミハイロヴィチがロシア皇帝となる1645年頃には、海賊となった一部のコサックはゆるやかな集団を形成するようになり、やっかいな存在となっていた。そこで彼ら海賊の一団を正規の軍隊にしてしまおうと、あれこれ策が講じられた。しかしコサックは自分たちの自治権を制限しようとする動きに立腹し、1669年には海賊の首領ステンカ・ラージンに率いられて皇帝の海軍基地を攻撃した。アストラハンを占領したラージンはそこからモスクワを目指して敢然とヴォルガ川を上りつつ、不満を持つ農民を巻き込みながら兵力を増強していった。

だが1671年、ラージンの軍勢は敗北する。鉄製の檻に入れられ、モスクワに連行されたラージンは赤の広場［「赤の広場」はソヴィエト連邦建国以前からの名称］で処刑された。もといた河川流域へと退却したコサックは、和平が提案されると皇帝アレクセイにキャビア料理を贈った。農民の捧げ物であるパンと塩にも匹敵する海賊からの象徴的な献上品だった。献上品は受理され、これ以後「皇帝のごちそう」は年中行事となり、毎年多くの塩漬けキャビアがロシア宮廷に贈られるようになった。1868年になる頃には1500人ほどの宮廷の官吏にその料理がふるまわれたほどだった。サシェベレル・シットウェル［英国の詩人・

美術批評家」はそうした行事を以下のように記している。

それは法令、でなければ少なくとも行政命令であり、ウラル地方のコサックが毎年春になると初荷として自発的に皇帝に献上したことから始まった……魚とキャビアは荷車に載せられ、コサックの使節団共々まっすぐサンクトペテルブルクに送られた。到着するとすぐにチョウザメと3種類のキャビアは冬宮［当時王宮として使用されていた建物］の広々としたダイニングルームに運び込まれ、使節団は皇帝に歓迎されて返礼を受けた。その後、献上品は大公や宮廷官吏の手に渡り、筆頭宮廷書記官モロゾフ伯には長さ90センチ余の見事なチョウザメ5〜6匹と重さ18キロほどのキャビアが分け与えられた。

最初は、このような届け物をすれば課税されずにすむとコサックも期待していたと思われるが、それは大きな間違いだった。皇帝アレクセイはキャビアに課税したばかりか、独占してその市場管理を行なうことを宣言した。この状況はソヴィエト連邦の崩壊まで変わらなかった。

◉ピョートル大帝

1696年、のちに大帝と呼ばれることになるピョートル［アレクセイ・ミハイロヴィチの子」が皇帝の座に就くと、彼はロシアを西欧化し、野蛮な国というイメージを払拭しようとした。サンクトペテルブルクを建都したばかりでなく、社会改革にも着手した。女性がダイニングルームに入ることを認め、大衆のために無料の薬局を開いた。サンクトペテルブルクで外国人が産業組織や文化団体を立ち上げることを推奨したり、ロシア貴族を海外に派遣し、農民との違いがひと目でわかるよう、貴族は西洋風の衣服を身につけなければならないと主張したりもした。

初めて外国人シェフを雇ったロシア皇帝もピョートルである。ただし宮中晩餐会で用意されるその前菜（ザクースキ）には引き続きキャビアがふんだんに使われた。一方で大帝はロシアではまだ知られていなかった食品を積極的に輸入し、双方向の国際化を進めた。このような食文化交流によって――つまりロシア人がお気に入りのキャビアを常備して他国に旅行するようになるにつれて、ヨーロッパ各地にキャビアが紹介されることになった。とはいえ、ビジネスとして活況を呈するには至らなかった。

チョウザメ漁に関するかぎり、ピョートル大帝はアストラハンに最初の魚類市場局を設置し、コサックのチョウザメ漁の独占権を再び認めた。このことで市場管理はしやすくなり、コサックも彼らなりにチョウザメ漁を取り仕切った。一方でこの措置はコサックの忠誠度を見るためのものでもあった。果たしてコサックは操業に関してかなり公平な分配と統制の方

ロシアの氷上でのチョウザメ漁。1892年。

法を練り上げた。漁獲シーズンを、凍結した河川で行なわれる「春のかかりの漁」と『デュマの大料理事典』にも記された「秋の漁」の年2回に定めた。卵は河岸ですぐさま塩漬け保存された。

こうした慣習はほとんど変わることがなかった。ウェストファーレン出身のドイツ人で、経済学者でありロシア農学に関する研究者でもあったアウグスト・フォン・ハクストハウゼンは以下のように記述している。

冬にはコサックの首領（アタマン）が漁獲シーズン開始の日を定める……現役のコサック兵全員が前夜から砕氷具、チョウザメを突くためのフィッシュギグ、引き上げに使うピックを持って集合する。それぞれの後ろにはその家族が御者を務める荷馬車が控える。とはいっても親類縁者が実際の捕獲作業を手伝うことは厳禁だ……河岸には大砲が据えられ、アタマンの合図で砲手が砲弾を放つ。同時に漁師は全員が氷の上に飛び移り、ここはと思われる場所を選び、氷に穴を開けてチョウザメを突き始める。場所選びは重要である。場所選びに間違いがなければ、そこには大量のチョウザメがいて、ひと突きするたびに獲物が得られる……河岸の家族は、獲物を運んでは許される範囲の支援にあたる。氷に乗ること、そして前述の道具類を使うことが許されているのはコサック兵士だけなのだ……このようにして彼らは380キロメートルから480キロメートルほど川を下っていく。

ピョートル大帝の娘で第6代皇帝となったエリザベータも父親以上に西欧化熱にとりつかれ、その治世下でロシアはいよいよフランス志向を強めていった。この傾向が20世紀まで続いたことを考えれば、今日のキャビア業界におけるフランスの別格的立場にも納得がいく。エリザベータの後継者ピョートル3世はひどく評判が悪く、1762年に自らの妃エカテリーナ2世によってクーデターで退位させられると、妃の愛人だった軍人オーロフ伯爵に殺害された。キャビアがロシアの伝統的食品のひとつからそれ以上のものとなって比類なき高級食品の仲間入りを果たしたのは、この女帝エカテリーナ2世の治世のことである。

キャビアに箔を付けるもの——金と真珠貝でできたスプーン

宮廷の贅沢品と見なされるようになると、キャビアには儀式めいた扱いと専用の器具がついてまわることになった。つまり、上流階級の間では真珠貝と純金で作られたスプーン、クリスタルと銀に手の込んだ彫り物をあしらったアイスバスケットが使われるようになったのである。ロシアに赴いていた英国大使は、エカテリーナ2世が孫アレクサンドルの誕生を祝して催した盛大な晩餐会についてこう記している。「晩餐会のテーブルには……光り輝くようなキャビア……すべて合わせると200万ポンド分以上あっただろうか」

国家の正式な晩餐会のテーブルの真ん中にキャビアを配することは、たちまちロシア以外のヨーロッパ諸国にも広まった。そして、キャビアは上流階級に限らず一般の家庭の食卓にも上がるようになった。当時の記述によれば、キャビアはバターと同じくらいの価格で購入でき、高級レストランに限らず、ありふれた居酒屋でも食べることができたとされている。幸運にもキャビアはまだ十分にあったのだ。女帝エカテリーナの治世の間ずっと、コサックの漁師たちはカスピ海に注ぎ込む河川から信じられないほど大量のチョウザメを捕獲し続けた。1770年にはロシア人博物学者サムエル・グメリンが、ヴォルガ川で1時間あたり250匹のチョウザメが捕獲されるところを目撃している。

●ヨーロッパ市場

キャビアがヨーロッパでも受け入れられることが明らかになると、エカテリーナ2世はカスピ海での独占的漁業権をギリシア人船長ヨハニス・ヴァルヴァキスに与えることでキャビアの流通に貢献した。ヨーロッパ市場はこの人物によって開かれることになったのである（第4章参照）。

ヨーロッパ市場に供給するにあたって最大の難問となったのは、長時間に及ぶ輸送の間、どのようにしてキャビアの鮮度を保つかということだった。19世紀が始まる頃になると最初の蒸気船が——積み込んだ天然氷でキャビアを冷蔵しつつ——帆船よりさらに短時間でいくつもの大河川を遡ってヨーロッパに入ることができるようになった。やがて製氷法が発明されると船内に製氷設備が整えられるようになり、塩でがちがちに固められて圧縮成型（プレス）されることなく、生に近い状態のキャビアが樽詰めされ、凍らせた布でさらに包まれてヨーロッパへと河川を上った。こうすることで、現在のキャビアに比べればまだまだ塩辛かったと思われるが、かつてヨーロッパ人に受け入れられていたキャビアよりもはるかに塩気の少ないキャビアを輸送することが可能になった。

１８２０年にはサポジニコフ兄弟商会がモスクワに最初の冷蔵施設を造り、さらに進歩した保存法によってキャビアの塩気を減じた。また、カスピ海に注ぐヴォルガ川とアゾフ海に注ぐドン川の間に鉄道が敷設されたこと（１８５９年）も画期的だった。開通後わずか1年で、アストラハンからの輸出分キャビアの25パーセントがこのルートでヨーロッパへ送り出されるようになった。チョウザメ漁業の関係者は儲けに儲け、「キャビア王朝」とでも言うべき成功者たちが次々に誕生した。主だったキャビア製造業者として、サポジニコフ兄弟商会のほかにもリアノーゾフ家、マイロフ家などの名が挙げられる。

蒸気船が誕生し、鉄道が整備されて旅が快適になると、ヨーロッパに行くロシア人旅行者も増えた。彼らはヨーロッパの豊かさ、毛皮やきらびやかな宝飾品、従者のエキゾチックさに心を奪われた。『戦争と平和』の中でトルストイは、ロストプチーン伯（ロストフ伯爵）に「プリンス、どうしてフランス人と戦えましょう……フランス人はわれわれの神であり、パリは天国です」と言わせている。とはいえ１８１４年には――１８１２年のナポレオンのロシア遠征失敗を受けて――若き皇帝アレクサンドル1世がパリに進攻してナポレオンをエルバ島に配流しているのだが（グルメで知られたこのアレクサンドル1世はフランス側のもてなしに大いに感謝すると同時に、数人のシェフをサンクトペテルブルクに招いている）。

当時のほとんどのロシア人旅行者はキャビアを持参していたので、ヨーロッパ人はそれまでには味わえなかった新鮮なキャビアを楽しんだ。逆に持参しなかった旅行者はキャビアなしの暮らしはどうにも落ち着かないことを思い知った。たとえばアレクシス大公は1840年にパリでキャビアが手に入らないことに慌てふためき、使用人をはるばるアストラハンに遣わしてキャビアを買いに行かせている。往復に要した時間は2か月だった。

ヨーロッパに市場が出来上がるとキャビアの価格は高騰し、ロシアの農民には手が出せなくなった。信仰心に則って食べていたものが金持ちで物欲に満ちた人々のための嗜好品と化したことに、貧しい彼らは不満をおぼえた。最後の皇帝ニコライ2世［在位1894～1917年］の時代になると、コサックが毎年「献上」するキャビアは11トンにもなっていた。ニコライ2世はキャビアが健康によいと信じてやまなかった。皇帝自身、大量に食べたばかりでなく、子供たちにも必ず食べさせた。革命の気配が漂うなか、キャビアは富に包まれる一方の貴族階級と、貧困に埋もれていく一方の労働者階級の格差を物語るシンボルとなっていった。

◉乱獲

カスピ海でのキャビアの生産量増加はすさまじかった。1860年には年間4トン程度だったが、1900年頃には3000トンとなった。この3000トンのキャビアを生産するために、3万3000トンという記録的な量のチョウザメが捕獲されていた。当然、犠牲も伴った。カスピ海に棲むチョウザメが減少していることに誰もが気づき始めた。1901年、ヴォルガ川の水産業者は、河川の分流だけでなくカスピ海でも漁を行なうことを許可してほしいと願い出た。こうして、幼魚が――つまり成魚となりきらない集団が捕獲されるようになった。ひとつの個体群が危機にさらされるときの典型的なパターンだ。

事業拡張の途上にあったドイツのキャビア専門水産会社ディークマン・アンド・ハンセン社からアストラハンに1902年に派遣されたパウル・ラインブレヒトは、不安を煽るような報告書を本社に送っている。シベリアとドイツでチョウザメが激減していることをすでに目の当たりにしていたラインブレヒトにとって、それは見逃すことのできない危険なサインだった。

チョウザメ資源が激減すると、リアノーゾフ一族はカスピ海南部の沿岸に投資するようになった。イラン側の漁場での操業権を得ようとしたのである。しかし1914年に勃発した第1次世界大戦、さらには1917年のロシア革命によってすべてが途絶した。図らずもチョウザメには突然の猶予期間がもたらされることになり、それは7年間続いた。アストラハンの裕福な水産業者たちが逃げ出してしまったのである。

◉ソヴィエト連邦のチョウザメ政策

1920年のキャビアの採取量はわずか300トンにまで減少した。誕生したばかりで、国際的に強い通貨を必要としていたソヴィエト連邦は、キャビアは財源になると見なし、フランスでの優先的販売権をペトロシアン姓のロシア系アルメニア人兄弟に与えた。ふたりのスーツケースに詰められたフランスフランが契約に大きくものを言ったのだ。またドイツでの優先的販売権は、交渉の結果、第1次世界大戦の勃発でアストラハンでの操業を停止せざるをえなくなっていたディークマン・アンド・ハンセン社に与えられた。1927年になると、リアノーゾフ一族はあっさり退けられ、ソヴィエト政府はイランとの「友好条約」を結んだ。こうしてカスピ海全域での捕獲独占構造が見事に出来上がった。

ソヴィエトが作り上げた体制は多くの点で、チョウザメの保護を十分に予感させるものだった。連邦国家の漁業は厳重に管理されるようになった。加工場が建設され、のちには研究施設、孵化場も新設された。紛れもないソヴィエト連邦の象徴として成長させたいとスターリ

ソヴィエト連邦時代のキャビアのポスター。手前のガラス皿のプレストキャビアに注目。

ンが熱望した製品の復活だった。なにしろほかのどの地域でもチョウザメはほぼ獲りつくされてしまっていたから、キャビアはどの国が作ろうとしてもどこにも作り出せない代物だった。ソヴィエト連邦にとってのキャビアは、国の威信をもたらしてくれるものであるだけでなく、強い輸出品として、国家の未来がかかった外貨を稼ぎ出すものとなった。年間の価格とキャビアの生産量は国営統括機関プロディントルグによって定められた。キャビアが贅沢品であり続けるよう、販売先の選定もこの機関によって行なわれた。

一方、確かに外国通貨は必要だったが、国民を無視するわけにもいかなかった。社会主義の理念としては、帝政時代のブルジョワ階級が大切にしていた贅沢品（たとえばコニャック、シャンパン、チョコレート、キャビア、香水、自動車など）と見なされるものをソ連国内で生産し、すべての労働者が手頃な価格で入手できるようにしなければならないというのは重要な課題だった。そうしなければ、国は国民に「同志たちよ、人生はよろこびに満ちている」と主張することができないからだ。

１９３０年代、キャビア缶は新しくできた国営食料品店（ガストロノム）やパン屋（バカレイア）で、バターの2倍程度の価格で販売された。盛大な祝日の前日など、店にキャビアがなければ暴力沙汰にさえなった。国家補助を受けた仕出し業者はキャビア・サンドイッチを販売した（買うほうにしてみれば缶入りキャビアを買うよりよほど安あがりだ）。こうしたキャビア・サンドイッチはレニングラード［サンクトペテルブルクのソ連時代の名称］の看護士の間でも買い求められ、彼女たちのランチとなったり、ボリショイ劇場の幕間のバーの定番メニューとなったりした。

しかし実際には、キャビアを十分に味わうことができたのは帝政時代においてよりさらに少数化した上層幹部に限られた。外国の要人や著名人であれば大量のキャビアでもてなされたが、ロシア人であるかぎり、党の幹部となってその「報酬」を手に入れるくらいしか道はなかった。第1章に登場したターニャのお祖父さんは官僚で、5月1日のメーデーにも同月9日の対独戦勝記念日にも「ホリデーギフト（プラズーニク・ザカス）」を受け取っていたという。ギフトの中には高級サラミ、チョコレートはもちろん、キャビアも含まれていた。多くの奢侈品の常として、いや、実用品でさえ同じだが、市場が活発化したことで何でも調達できるようになったのだった——外貨でも日用品でも欲しいものは何でも。

ロシアおよびソヴィエト連邦のチョウザメ漁および研究施設は真似のできない完璧さで管理された。始まりは現在カスピ・ニルクの名で知られているカスピ海漁業研究所であり、それは帝政時代の1897年——カスピ海漁業の最盛期——に事実上始動した（この研究所は1世紀にわたってチョウザメ管理の専門知識・技術を蓄えてきた歴史があり、今もアストラハンにおける一大事業所となっている）。実のところ、当初は緊急に研究するべき課題もなかったわけだが、ヴォルガ川上流域で産卵していたチョウザメに最悪の事態が生じると事情が一変した。

重工業の推進はソヴィエト連邦の悲願であり、そのためには莫大な量の電力が求められていた。そして、もっとも効率のよい電力供給源として水力発電が採用されることになった。1930年代に開始されたヴォルガ川分流での一連のダム建設は、第2次世界大戦時スターリングラード（現在のヴォルゴグラード）の町が――油田施設を死守して――破壊されたときに中断されたが、それでも1955年にはヴォルスカヤ・ダムの建設が始まった。完成までに要した歳月は6年、投入された労働者は5万人というこのダムは幅が4・8キロメートルにも及び、巨大な壁面には屈強なソヴィエトの労働者が描かれた。

1959年にダムの中心部分である壁面が完成したとき、この巨大土木建造物を見ておこうと足を運んだ漁業研究者イゴール・ブルツェフには、勢いよく遡上してきたおよそ60万匹もの大量のチョウザメがダムの壁にぶつかり、産卵場所の90パーセントを占める水域に到達できなくなるという事態が想定できた。そのような事態が生じるかもしれないことは1933年にはすでにスターリンにも警告されていたが、計画は続行された。近代化が先決だったのだ。

1950〜60年にかけてはヴォルスカヤ・ダム以外の新たなダムの建設もあり、カスピ海の漁獲量が25パーセント減少した。問題は深刻で、水質に悪影響が及んでいただけでなく、チョウザメ（特にベルーガ）がもはや産卵できなくなっていた。第一の原因は、ダム建設による沈泥によって多くの水路が堰き止められ、栄養分を含む藻類やチョウザメが餌としていた底生生物が入り込めなくなったことにあった。第二の原因は、河岸に並ぶ工場からの廃水によって大規模な水質汚染が進んだことにあった。重金属、殺虫剤、PCB［ポリ塩化ビフェニル］、ダイオキシンが漏れ出した石油と混ざり合い、死のカクテルさながらの廃液を作り出していたのだ。

結果としてその後20年の間、政府機関の研究者によって検査されたカスピ海産のチョウザメの卵すべてに異常が見られた。一部の卵膜はあまりにも薄く、破裂するかのように破れた。一部の幼魚には目がなかったり鼻孔がなかったりした。成魚にまで育たないものも少なくなく、たとえ成魚になれたとしても、重金属や石油成分に深刻に汚染された小魚を、チョウザメは餌として食べ続けなければならなかった。

ロシア人関係者の対応は早かった。ダム内に設けられた専用水路をチョウザメが遡上するわけではないとわかると、彼らはドン川、アムール川、ドニエプル川、ヴォルガ川などの沿岸に――最終的にはカスピ海にも大規模に――孵化場を建設した。さらに、開発はされたが19世紀には活用されることのなかった技術を駆使して、毎年何百万もの稚魚をヴォルガの分流、三角州に放流した。1962年には漁業活動の禁止措置がとられ、稚魚も成長した。このプログラムは予想外の成功を収め、チョウザメの減少は食い止められるようになった。努力が実って1980年になる頃にはおよそ2万8000トンのチョウザメが水揚げされた。1900年の記録にほぼ匹敵する漁獲高だ。

輝かしい成果ではあったが、この偉業に影を投げかけるかのように、カスピ海では何年もベルーガが自然産卵をしていないことが明らかとなった。稚魚はすべて漁場のチョウザメ資源から孵化したものであり、遺伝子プール［ある生物種集団を構成する全個体が持っている遺伝子全体］が限られていたのだった。しかしカスピ海北部のチョウザメにとっての希望は孵化場にしかないのが現実であり、プログラムは続行された。専門知識も交配種も厳重に保全された。ロシアの専売を維持するにはそうするよりほかに道はなかった。

●ソ連崩壊と闇市場

1991年のソヴィエト連邦崩壊はロシアのチョウザメにとって次なる災厄だった。今や国家による専売は過去の歴史となり、国内外の市場からは飽くことのない要求が寄せられていた。そうした状況下でチョウザメ漁があっという間に自滅の道をたどっていったのは必然だった。

海を荒らしたり、成魚になる前に捕獲したりする行為を、傍観者として非難するのは簡単だ。しかし国家がキャビアを統制しなくなるということは、関連工場も操業を停止せざるをえなくなるということだ。環境汚染が緩和されたのはよろこばしいものの、代わりにヴォルガ川流域に大量の失業者が生み出された。多くの人々は体で覚えていること——チョウザメ漁に戻るしかなかった。ところがエリツィン政権は、漁獲割当量というものが当時すでにあったにもかかわらず、一梱包の下限を10トンとすることで扱い量を単純化して合法的仲介業者の数を一気に減らしたばかりか、小規模漁業者をやはり合法的とされる業界から完全に締め出した。その結果、たちまち密漁が横行し、巧妙な闇市場のネットワークが出来上がった。そしてキャビアは、戦車のようなメルセデスに乗ったマフィアのもとに密かに遡上することになった。

誰もが陶酔感（アザルト）——ソ連崩壊後のロシアならではの意気込み、そして手っ取り早く金持ちになれるなら手段は選ばないという狂気にも似た思いにとりつかれていた。現在もゴールデンパレス（・グループ）のカジノでは客にドリンクとキャビアが提供され、世界第2位の消費国アメリカ向けには、高額のマージンを当て込んでこっそりキャビアが持ち出されたりもしている。

チョウザメ漁とキャビアの製造が三角州地帯の無数の家庭の生計を支える唯一の方法となっ

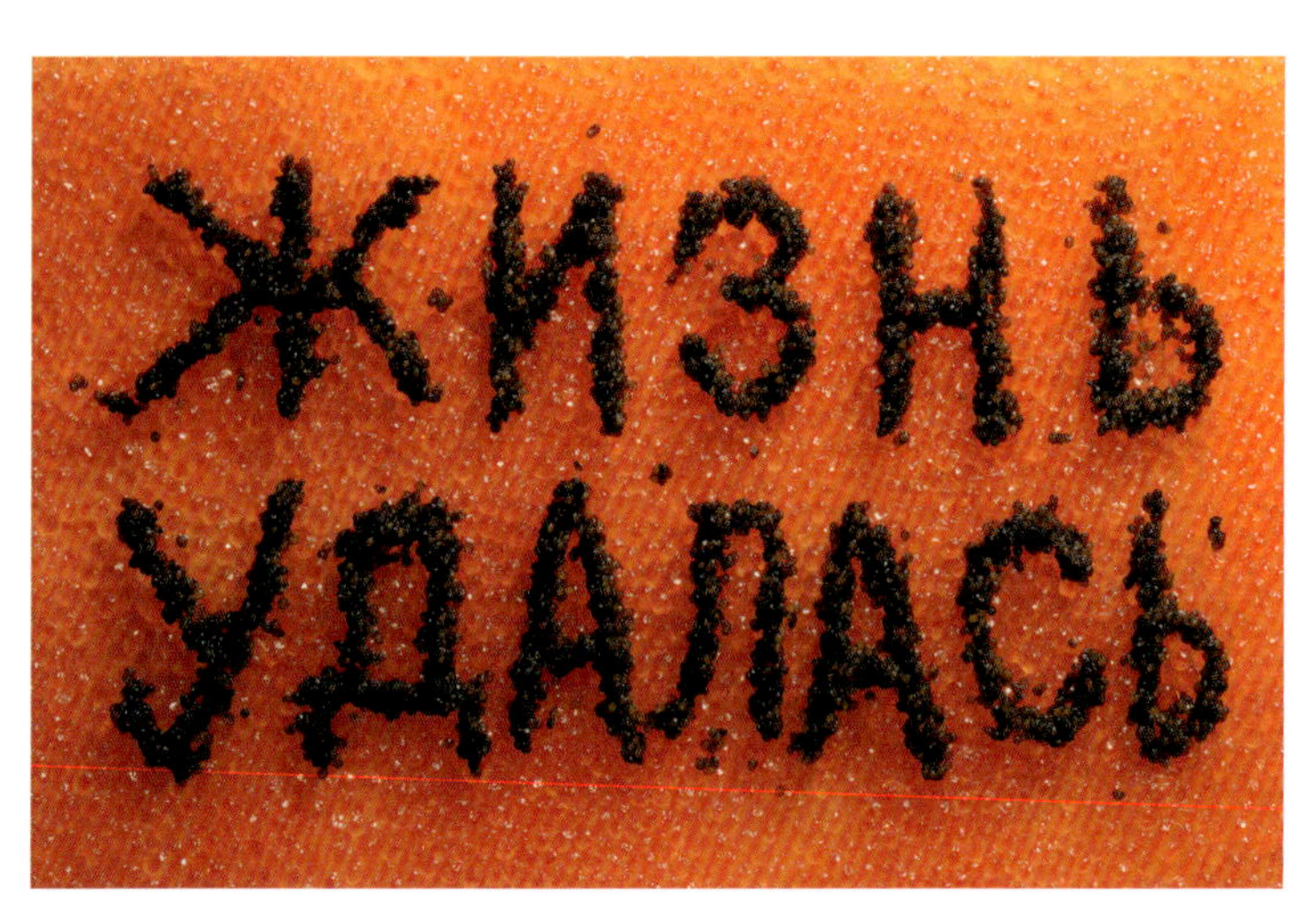

アンドレイ・ドグヴィン制作の象徴的ポスターの中でもっともよく知られているもの。黒と赤のキャビアで作られ「人生は上出来！」と記されている。キャビア景気に後押しされた1990年代のアザルトの核心を表現していると同時に、共産主義者の常套句だった「同志たちよ、人生はいよいよ喜びに満ちている」をも象徴している。

たのは事実だ。しかしそうした不正行為によってビジネスが循環し続けているのも一方の事実である。正直に法に従っている人々が無法者に銃口を突きつけられ、それこそ財産を巻き上げられたり、場合によっては１９９６年にダゲスタン［カスピ海西部沿岸の行政区画］で実際にあったように、居住地域を爆破されたりしている。カザフスタン［カスピ海北東方に位置する］、アゼルバイジャン、トルクメニスタン［カスピ海西方に位置する］は今ではそれぞれ独立国家となっているが、それらの国々では貧困と不正が蔓延し、状況はむしろ悪化している。いずれの国でも油田開発が積極的に推進されており、それぞれがそれぞれにチョウザメの減少に対する責任をなすりつけ合い、少ない割当量を押し付け合うばかりで、一時的なチョウザメ漁停止にすら抵抗する姿勢を示している。

他方、国営の漁場と研究所の資金は削られている。もっぱら専門的研究に没頭してきた学者であるとはいえ、彼らは――なすべきことを理解していながら――直面する状況にほとんど何の手を打つこともできなかった。放流される稚魚の数がいよいよ減少すると、新たにできた私設の漁場は、代金さえ受け取れば相手かまわず交配種を販売し始めた。オーストラリアをはじめ、ヨーロッパ、太平洋地域の国々と、購買希望者は列をなしていた。

ほぼ１００年と言われた北カスピ海のチョウザメの平均寿命は、たったの80年間で20年にまで縮んだ。20年といえば、ベルーガなら産卵できるようになるかならないかのぎりぎりの年齢だ。この新世紀、われわれはチョウザメのためにいったい何を用意していなければならなかったのだろう？

第3章◉イランの事情

◉カヴィーヤール

第2章ではロシアのキャビア事情について記したが、同じカスピ海でも南部沿岸でのキャビア事情はまったく異なっている。イランはかつて広大な領土を誇ったペルシア帝国の名残であり、西はアゼルバイジャンから東はトルクメニスタンに至る640キロメートルほどのカスピ海沿岸地域もその国土の一部である。入り江のようなその一帯はカスピ海でももっとも深く、冷たく、きれいな海域だ。この地域は亜熱帯気候帯に属し、エルブールズ山脈に水源を持ついくつもの分流がカスピ海に注いでいる。5500メートル級の最高峰を擁するこの山脈のカスピ海側は、イラン国内のほかの地域とは実質的に遮断された細長いリボンのような地形である。

ペルシア帝国がカスピ海西岸に注ぎ込むクラ川にまで勢力を伸ばしていた時代、ペルシアの人々は――中世のイタリア人がそうであったように――キャビアを薬効のある精力剤として食べていた。キャビアの語源のひとつと見なされている chav-jar（カヴィーヤール）が「平らに丸めた力の塊（ケーキ・オヴ・パワー）」を意味するところから見ても、キャビアは丸く押し固めて販売されていたと思われる。しかしロシアとの二度の戦いで沿岸領土の北方部分を失い、イスラム教国家となったペルシアは、ウロコのないチョウザメは不浄（ふじょう）であると見なすようになった。その結果、イランではキャビアの地位が急落することになる。キャビアを使ったレシピがないわけではないが、それらはイラン料理を代表するものではない。仮に口にされることがあったとしても、漁村である時期だけ食される安価なスナックでしかなかった。山岳地帯の人々がパンにのせてミルクと一緒に食べることもあったが、暑い内陸地域までわざわざ運び込むほどの商品価値はなかった。

◉「魚の宝庫」

キャビアの歴史の中でのイランの役割は19世紀に始まる。水深のあるカスピ海南部には危険もあったが、イラン人漁師は海を熟知していた。何よりそこには魚が豊富にいた。外交官であり、オリエント学者でもあった英国人ウィリアム・ウーズリー卿は1819年に「ある男が私に、カスピ海は『魚の宝庫（maaden-i-mahi)』だと言った」と記している。しかしキャビアを作るためのチョウザメ捕獲はイラン人漁師にとって未知のものであり、その知識と技術はロシアからもたらされなければならなかった。

1870年代のロシア産キャビアは、国内市場の伸長とヨーロッパからの需要拡大が重なり、かろうじて供給が維持されているというぎりぎりの状況にあった。キャビアが飽きられることはなかった。そこでアメリカ人事業家ステファン・マティノヴィック・リアノーゾフにイランのカスピ海沿岸地域でチョウザメを獲って加工しないかと声がかかった。リアノーゾフ一族はすでにアゼルバイジャンの財閥のひとつとなっていたが、このキャビアの製造によってさらに莫大な財をなし、ロシアのロックフェラー財閥とまで言われるようになった。またイランに血縁があったことから、この一族は交渉を有利に進めることができたばかりか、政界でも好意的に受け止められた。それでも彼らがイランの海域で向こう10年にわたる大量捕獲の権利をアッダウラ外相（この権利を政治特権としてイラン国王［シャー］から与えられていた）から賃借できたのは1879年のことだった。リアノーゾフ一族の特権は国王ナーシル・ウッディーン・カジャールによって1925年まで延長され、一族はその間に1000万ルーブルを稼ぎ出した。

リアノーゾフ一族はイランに近代的水産業を確立させた。キャビア製造のための施設、漁船、あらゆる装備と専門知識に資金を投じただけでなく、イスラム教徒である一部の漁師はチョウザメに触れるのも嫌がったから、やむなくロシアから漁師を連れてきて人員を確保したりもした。ただし、ロシアから得た専門知識・技術をもってしても、イラン産キャビアはロシア産キャビアと同じものにはならなかった。水深のあるイランの海域に棲むチョウザメの卵は、産卵のために遡上してきたチョウザメの卵に比べて、未成熟で固かった。リアノーゾフ一族のキャビアはロシアでは値引きして販売されたものの、それでもカスピ海は途方もない利益をもたらした。当然ながら、カスピ海南部の海域でもチョウザメは激減した。

すでに記したように、ヨーロッパやロシアが第1次世界大戦とそのあとを追うように起こったロシア革命に無我夢中だった時期は、チョウザメ資源が息を吹き返すのに十分な猶予期間となった。一方リアノーゾフ一族は1917年のロシア革命のあと、ボリシェヴィキ［ソヴィエト連邦共産党の前身］のせいで破産したとして、賦課金をイラン国王に支払わなくなった。激怒した国王はリアノーゾフ一族への不信感を募らせて契約を破棄し、グリゴリ・ヴァニツォフというロシア人と新たに契約を交わした。が、ヴァニツォフも賦課金を支払えなくなり、1921年、イラン政府は自ら漁業に乗り出すことを決定した。リアノーゾフ一族は契約の破棄に異議を唱えたが、ソヴィエト政府はこの件に――イラン海域での問題であるにもかかわらず——介入し、何が何でもこの一族を退けるつもりだった。ソヴィエト側のこうした態度に立腹したパーレビ国王は、もっとも高値をつけた入札者に漁業権を与えると宣言した。落札したのは、あいにくながらロシアを追放された人々であり、ソ連政府が断固認めたくなかった者だった。

1927年になってようやくイランとソヴィエト連邦の間に友好条約が成立した。それによってソヴィエト連邦は使用料と売上総利益の15パーセントを支払う代わりに、その後25年にわたってカスピ海で捕獲されるすべての魚とその加工品およびその市場取引を独占することを認められた。その後、利益は公平に分配されることになり、この契約の期間中に、ソヴィエト連邦とイランの2か国で世界のキャビアの95パーセントを生産した。ただし、ほんとうに公平な扱いを受けているのか、イラン側は疑念を持ち続けた。

契約はモサデク首相の2年間の政権時代［1951～52］に終結した。イラン最後の国王モハンマド・レザ・パーレビを退けて政権を担ったモサデクは、まずイランの石油産業を国営化し、次にロシアの漁場貸借権の更新を拒んだ。1953年にはクーデターで復権したパーレビが新たに会社を設立した。ロシアによるイランへの投資もロシア側の収益も認めながら、全体的管理はその会社が行なっていくことになった。

1960年代後半以降、国王はイランの西欧化に努めると同時に、建国から2500年

南カスピ海のイラン人チョウザメ漁業者。イランは厳しいワシントン条約の加盟国となり、世界中のキャビア需要のほとんどを合法的天然キャビアでまかなっていた。

という歴史を、とりわけイスラム化する以前のキュロス大王［紀元前600頃～529］の輝かしい時代を祝った。以前は晩餐会で提供されたり、外国の代表団のお土産として利用されたりしていたキャビアも、イランのひとつの象徴として売り込まれるようになり、諸外国で教育を受けたエリート層が拡大しつつある首都テヘランではおしゃれな食べ物となった（それでもラ・レジデンス、レオンズ・ロシアン・グリルといった超一流レストランではベルーガ［キャビア］がロシア・スタイルで、つまり薄く焼いたブリニ［ロシア風パンケーキ］にのせてダブルのウォッカと一緒に提供されていたが）。ベルーガは不浄の食品であるとする聖職者の意見（ファトワー）は飲酒を禁じる意見と同様に無視された。なお、こうした反イスラム教的ふるまいの数々が、やがて1979年のイラン革命につながっていくことになる。

イラン革命後、違法漁業とキャビアの違法製造が蔓延し、そうした「市場貿易（バザール・トレード）」を国営漁業会社シラートが管理・監督するようになるのにほぼ10年かかった。アヤトラ［イスラーム、シーア派の指導者］たちはそれまでチョウザメを不浄のものと明言してきたが、幸いなことに1983年のある学術会議において、チョウザメの尾びれにウロコが存在していることが発見された。こうしてチョウザメは宗教的に問題のない食品とされるようになり、チョウザメが絶滅させられるような扱いを受けることに異議が唱えられた。キャビアはイランにとってもっとも価値ある水産加工品としてヨーロッパ、ロシア、日本へ送り出されるようになった。そして2000年には、禁輸という制裁措置を解いた合衆国にも輸出されるようになった。

ソヴィエト連邦が崩壊し、カスピ海北部で密漁が横行したり水質汚染が進んだりする以前から、イランはチョウザメが危機的状況にあることに気づいていた。イランは毎年2000万匹の稚魚を放流できる孵化施設を開設して保護対策を講じると同時に、水質汚染を減じるための対策も取ってきた。現在イランは持続可能な漁業を実現するべく、放流する稚魚にタグをつけてその漁獲量を監視している。カスピ海のチョウザメを監視・管理するための国際的団体を組織しようと２０００年に開催された重要会議で、カスピ海沿岸諸国の中では唯一イランだけがそうした団体への参加を表明したのもそうした姿勢の表れであり、これは意義深い決定だった。実際、ワシントン条約によって２００９年にカスピ海で天然キャビアの採取許可が一時停止されるまで、イランは世界最大の合法的かつ持続可能な天然キャビアの生産国だったのである。

第4章◉キャビア、ヨーロッパへ

◉黎明期

キャビアの初期の歴史は断片的で、ロシア人お気に入りのごちそうだったとはいえ、あまり知られていなかったことがうかがえる――チョウザメのほうが身近にあったということだ。チョウザメの個体数の減少は最近の現象だと考えられてきたが、バルト海周辺の7か国から得られた歴史的資料をみると、8世紀から12世紀の間に、食用魚全体の中でチョウザメが占めていた割合が70パーセントから10パーセントにまで下落していることがわかる。これはダムや堰、水車などがあちらこちらに造られて川の流れが遅くなったり、砂利の多い澄み切った河床にシルト［砂と粘土の中間程度の粒径をもつ堆積物］が積もるなどしてチョウザメが産卵しにくくなったことに原因があると見られている（それでも黒海に流れ込む大河川では依然チョウザメが、ありがたくも豊富に生息していた）。

これに対してキャビアは、ヨーロッパのほとんどの地域では、時間をかけて浸透し、好まれるようになった味だ。これは輸送のための塩漬けと圧縮成型がしっかり行なわれていたことと無関係ではないと思われる。だがキャビアのことがヨーロッパでまったく知られていないというわけではなかった。バトゥ・ハンがヴォルガ川のそばで奇妙なデザートを食べるはるか以前の11世紀、ギリシア、トルコを含んで黒海から地中海にかけての地域を勢力範囲としていたビザンチン帝国の商人がすでにキャビアの売買を行なっていた。ギリシアでもトルコでもキャビアは高く評価されていたから、その地域の漁師はチョウザメを探し求めていた。そして、この地域がキャビアの西への旅の出発点となった。

交易の仲立ちを務めたのは、15世紀に危険を承知でアストラハン周辺のモンゴル人の漁場にまで足を運んだヴェネチア商人だ（実物大のチョウザメの絵図が数枚ピサネッロ［イタリアの画家・メダル彫刻家］によって残されている）。ルネサンス時代にはエキゾチックな味を求める風潮が広まって、カヴィアーレの名でキャビアが人気を集めた。１４５６年、教皇や若い王族の料理づくりをしていたシェフ、マエストロ・マルティーノは、キャビアの作り方を指南していたばかりでなく、いくつかのレシピも書き留めている（彼の手書きの原稿がある）。その中には、下に敷くパンとほぼ同じ厚みにプレストキャビアを切ってのせ、火にかざすようにしてトーストすると「キャビアに少し色がついて固くなり、クラスト［パイやタルトやフラン］に似たものが出来上がる」と記された一品も含まれている。１５６６年には、シェフのバルトロメオ・スカッピがマグロやカツオとキャビアを使った一品（コショウで味付けをして苦みの効いたオレンジジュースをふりかけた温製料理）をローマ教皇ピウス５世の戴冠の晩餐会に提供している。

ヨーロッパのほかの地域では、キャビアは珍味であると同時に薬でもあると見なされていた。博物学者で各国を研究旅行したフランス人ピエール・ブロンは、１５８８年にトルコ人がキャビアを常備しているようすを以下のように記している。

それはチョウザメの卵から作られる薬のようなもので、キャビアと呼ばれている。キャビアはギリシアやローマ、さらには地中海東岸（レヴァント）の各地域ではめずらしくない。ウロコがないからと口にすることを避けるユダヤ人を除けば、食べない人はまずいない。しかしドナウ川流域に暮らす人々は、コイが大量に獲れるため、その卵を取り出して塩漬けにする。これが思いのほかおいしく、赤いキャビアとしてコンスタンティノープルでユダヤ人に販売されている。

ヨーロッパの人々に、キャビアこそどうしても欲しいものだと思わせるには断固たる決意と熱意が必要だった。現在、世界のキャビアの15パーセントを消費するフランスにおいてさえ、当初は評価されていなかった。すでに述べたように、西欧化を進めていたピョートル大帝が贈り物としてキャビアを携えさせて大使をフランスに派遣したことがあった。しかしキャビアを口にしたフランス国王ルイ15世（当時まだ10代だった）は気分が悪くなり、ヴェルサイユ宮殿の最高級のカーペットの上に吐き出してしまった——これは有名な話だ。

1741年までは大した進展もなく、サヴァリ［フランスの産業総括監察官］によって編纂された『商業総合事典』にも「フランスではその味が次第に親しまれてきていて、最高の宴席にあってさえ嫌悪されることはない」と、さほど好意的とも思われない見方が示されている。ヨーロッパへのキャビアの輸出はエカテリーナ2世によってもっとも奨励され、ルイ15世の治世末期にかけて活況を呈した。フランスの高級家具職人ラクロアはキャビアを試食するための小ぶりのテーブルを制作している。実際、エカテリーナ2世はキャビアの輸出に功績を残した。が、それは意図して行なわれたことではなかった。

◉イオアニス・ヴァルヴァキス

ギリシア人船長イオアニス・ヴァルヴァキス［1745〜1825］はオスマン帝国と戦

18世紀にルイ15世が使ったキャビア・テーブル。製作者はラクロア。パリのアンティーク店ジーン・ルーパのコレクションより。

うロシアに賛同し、自らの船をロシアに差し出して勇敢にも焼き討ち船［点火した可燃物や爆発物を積んで流し、敵の艦船や建造物を破壊する船］としてオスマン軍の船に激突させた。結果として、彼は船を失った。1775年、ギリシアの独立というロシア側の約束が反故にされると、今では一文無しとなったヴァルヴァキスは女王への謁見を求め、徒歩でイスタンブールからサンクトペテルブルクへと向かった。待望の謁見はエカテリーナ2世の愛人であるポチョムキンとの思いも寄らない出会いを経て実現し、ヴァルヴァキスには1000ゴールドルーブルの報奨金とカスピ海での非課税かつ無期限の漁業権、さらにはロシアでの居住権が授けられた。

ヴァルヴァキスはサポジニコフという名のアストラハンの商人に勧められ、活況だった漁業に乗り出した。受け取った漁業権をどのように活用すればよいかをひらめいたのは、ある農夫から差し出されたキャビアを試食したときである。これを作れば多少の財産を築けるかもしれない——ヴァルヴァキスはそう考えた。そして、そのとおりになった。かつてのように大量のキャビアを輸送時に台無しにしてしまうことがないよう、彼は地元産の菩提樹で作った樽を使い始めた。1788年になる頃にはヴァルヴァキスの事業は3000人の従業員をかかえるまでに成長していた。1825年にはギリシアに戻ってさまざまな慈善事業に寄附をする名士となり、ロシア貴族であると同時にギリシアの大富豪として生涯を終えた。

19世紀がキャビアのヨーロッパ進出に好都合だった要因はほかにもいくつか存在する。1814年、ロシアの軍勢はパリに進攻したが、その際、ロシア軍の敵意はフランスにではなくナポレオン個人に向けられていた。兵士たちはキャビアの樽を自陣に持ち込み、皇帝アレクサンドルや配下の貴族たちはタレーラン［フランスの政治家・外交官］による伝説的な歓待を楽しんだ。

その後、王族や貴族は数名のシェフをサンクトペテルブルクに招いた。1816年、高名なシェフのアントワーヌ・ボーヴィリエは、「ロシア人はこの卵をめぐって大騒ぎだ……ロシアではすこぶる高価であり、ここではカヴィアと呼ばれている」と書き記し、フランス料理界の第一人者アントナン・カレームに皇帝の招待を受けるようにと勧めた。しかし、ロシアの風習とロシア貴族に魅力を感じながらも、カレームはロシアではあまり楽しく過ごせなかった。最高に独創的なこのシェフにとって、キャビアの味は単純すぎたのかもしれない。彼は、「このラグー（シチュー）は塩をしてからオイルビネガーに漬け込んだ魚卵を使って作ったものだが、上品で繊細なフランス料理にはまったく合わない」と1819年に記している。この判断はカレームが犯した唯一の間違いだった。ボーヴィリエがパリジャンの顧客にすでに語っていたように、片面をトーストしたパンにのせて広げるだけ――これがキャビアの「至福」の食べ方だったのである。

◉キャビアに夢中

ヨーロッパに到着するキャビアの質は間違いなくよくなっていた。アストラハンから長時間かけて運ばれるキャビアの管理が容易になったからだ。蒸気船は帆船より速かったし、1820年には氷が使われるようになり、さらには冷蔵も可能となった。これによって菩提樹の木でできたヴァルヴァキスの樽に詰まったキャビアも冷たい状態で運ばれるようになった。1859年にはヴォルガ川とドン川を結ぶ鉄道が開通した。キャビアの交易はいよいよ活発化し、1年経つか経たないかのうちに、アストラハンで製造されるキャビアの25パーセントがヨーロッパに輸送されるようになった。

キャビアとともにおとぎ話めいたイメージもヨーロッパに入ってきた。軽快なコサックダンス、身につけた光り輝くダイヤモンドを覆い隠すかのように見事な毛皮をまとった皇帝や貴族、その皇帝や貴族を乗せて星空のもと雪原を疾走するトロイカ、銀製のグレービーポットに入れて供されるコチョウザメのスープ、純銀のフォークにナイフ、カットクリスタルのボトルに入ったシャトー・イケム［白ぶどう酒］で流し込むように平らげられていくごちそう――こうしたイメージを伴って、キャビアは折からの産業革命という時代の波に見事に乗った。そして産業革命によって新たに生み出された富裕層は夢中になってエキゾチックな奢侈

エルベ川でのチョウザメ釣り。1870年。チョウザメが豊富にいた頃には数本の釣り針があれば数十匹単位でチョウザメを釣り上げることができた。

品に金を費やし、その金持ちぶりをひけらかした。

キャビアの味を覚えつつあったのはフランスだけではなかった。19世紀も半ばとなると、その味はドイツにも浸透していた。1869年、ヨハネス・ディークマンという進取の気性を持った樽職人とその義理の息子ヨハネス・ハンセンがハンブルク［エルベ川沿いの都市］の港に近いアルトナで会社を起こした。ふたりはあらゆる魚の塩漬けの仕事を始めたが、ほどなくチョウザメを獲ったあとに漁師がその卵を廃棄していることに目をつけて、エルベ川のチョウザメとリューネブルク［ハンブルクの南東方の都市］の塩を使ってキャビアを生産するようになった。

卸売事業も手がけたふたりの会社は繁盛し、

古き良き時代（ベルエポック）と呼ばれる時期［主に19世紀後半から第1次世界大戦まで］の新興富裕層の旺盛な購買欲を満たした。ヨーロッパの主要大都市のほとんどのレストランはキャビアをメニューに加えるようなり、その大部分を消費したのはパリジャンのためのレストランだった。ディークマン・アンド・ハンセン社はやがてロシアと独占契約を結び、その契約は第1次世界大戦勃発まで続いた。アストラハンから輸出される年間100トンのキャビアのほとんどがこうしてまずドイツに入り、同社はヨーロッパ最大級のキャビア取り扱い業者となった。

一方で、増加し続けるキャビアの需要はチョウザメに犠牲を強いた。エルベ川のチョウザメの減少を実感したヨハネス・ハンセンは代理人をアメリカに派遣し、キャビア市場のみならずチョウザメの卵の新たな供給源を探った。ディークマン・アンド・ハンセン社はそれらを首尾よく輸入すると、次に製品化して輸出するという加工貿易を成立させて利益を上げた。しかし乱獲と工業廃水による汚染によってもたらされるエルベ川への打撃は避けられず、同社はシベリアのアムール川に新たな漁場を開いてレッドキャビアとブラックキャビアの生産を始めた。やがてアムール川でもチョウザメが少なくなると、今度はアストラハンに乗り込んだ。カスピ海にはまだ大型のチョウザメも生息していたが、それでも1902年になる頃には、チョウザメ資源の減少がじわじわとドイツにも漏れ聞こえ始めた。

第1次世界大戦とそれに引き続いて生じたロシア革命は古き良き時代に、さらにはディー

ディークマン・アンド・ハンセン一族。中央の肖像画はヨハネス・ディークマン、両脇の肖像画が娘アナとその夫ヨハネス・ハンセン・シニア。そして左から右にヨハン・ハンセン・ジュニア、ペーター・ハンセン。弁護士のエルンスト・イェンスとパウル・ラインブレヒト。そしてフェルディナント・ハンセン。

クマン・アンド・ハンセン社のアストラハンでの事業とキャビア業界のシステムに終止符を打った。しかしそれは同時にカスピ海のチョウザメに貴重な猶予期間ももたらした。ヨーロッパの秩序が回復し、ソヴィエト連邦が国家として成立するまでのこの数年間は、多くの起業家がフランスでキャビアを扱ってひと儲けをしようと機会をうかがう期間でもあった。流行に敏感な連中が新たに登場してきており、そうした人々にとってキャビアは見た目にもすっきりとあか抜けていて、なおかつ食べ方もシンプルな、完璧な食べ物だったからだ。

ドイツ全土がそうであったように

ディークマン・アンド・ハンセン社も戦後の財政難に苦しんだが、古くからの付き合いとキャビアの製造経験にものを言わせ、1920年代には委託販売分をハンブルクに送ること、独占契約を結ぶことをロシア政府に認めさせた。とはいえ、今回はドイツ国内のみの販売の独占だった。フランスに関する契約は別の一族がすでに交渉を済ませていたのである。

●世界でもっとも成功したキャビア・ブランド

ペトロシアン一族の物語を語ることは、キャビア伝説の世界に足を踏み入れることである。かつてのシルクロード地域にあたるアルメニア出身のこの一家は、その地で養蚕と絹糸紡績で成功していた。しかし1915年のクルド人虐殺の余波を受け、一家は1917年に故郷を離れる。そしてテヘランで必要な渡航の書類を手に入れるとフランスに入った。息子たちのうち、当時モスクワで学ぶ学生だったムシェグとメルコムは大急ぎで革命を逃れる必要があった。1920年、ふたりはパリでようやく家族に合流した。家族を養う手立てが必要だったムシェグとメルコムはロシア大使館にはたらきかけてキャビアの購入を申し出た。当初は取り合ってももらえなかったが、ふたりの粘りが実を結んで取引が成立した。兄弟はスーツケース一杯のフランスフラン（おそらくは金貨ではなかったのか……なにしろソヴィエト側は金本位制に基づいた交換可能通貨にしか関心がなかったから）を2トンのキャビ

1920年のムシェグとメルコムのペトロシアン兄弟。ムシェグはアルメン・ペトロシアンの父。

アと交換することになった。

支払った現金は兄弟の全財産だったから、キャビアが到着するまで待って過ごした数か月の間、ふたりはどれほど気を揉み、苦しい思いをしたことだろう。それでも一か八かの勝負に彼らは勝った。うす塩漬けキャビア（マロソル）がフランスに届くと、兄弟が試食会を催すための場がセザール・リッツ［ホテルチェーン創始者］によって彼のホテル内に用意された。戸惑いつつも、新世代のパリジャンはすぐにキャビアをむさぼるようになった。古き良き時代も戦争の恐怖も、浮かれ騒ぎの時代（レザネフォール）——狂騒の20年代——へとなだれ込んでいた。ボリシェヴィキが白軍［反ボリシェヴィキの反動派勢力の軍隊］を追放した結果、

1920年代初めのベルンのカスピアの店舗。ロシア人ふたりが毛皮のアストラハン帽をかぶっている。

ロシア人亡命者がパリに次々に流れ込んできた。キャビアの店やレストランを開き、故郷を忘れられないロシア人や新たな上流階層をもてなした者も多かった（以後、今日に至るまでフランスは世界第2位のキャビア消費国であり続けている）。

浮かれ騒ぎの時代のキャビアの名店としては、ラ・トゥール・モーブール大通りのペトロシアン、1927年にアルカディ・フィクソンが創業し、キャビアを使ったおいしいスナックでオペラ観劇のために往来する人々の食欲をそそったマチュラン通りの（キャビア・）カスピア、1923年にド・ラガラードが創業したキャビア・ヴォルガの名が挙げられる。セザール・リッツはペトロシアン社からキャビア1トンを買い入れ、オリジナル・メニューとしてシャンパンとともに提供した。そしてついにペトロシアン社がロシア製キャビアの販売権を獲得した――まさに決定的な出来事だった。

同じくらい決定的出来事だったのが、ムシェグ(・ペトロシアン)とエリー・マイコフの結婚だ。ムシェグはロシアから逃れる旅の途中、アゼルバイジャンのバクーでエリーと出会った。マイコフ一族はロシアでもっとも古くからキャビアを扱ってきた会社のひとつを所有していて、ロシア皇帝一族の御用達であったばかりか、石油ビジネスからも富を築いていた。

この結婚で生まれた子供たちは文字どおりキャビアに囲まれて育った。現在ペトロシアン社の社長であるアルメン・ペトロシアンは子供の頃、キャビアの樽の中で溺れ死にしそうになったことがあるという。かくれんぼをしていて飛び込んだ使用済みのキャビアの樽に大量の雨水が溜まっていたのである。出るに出られなくなった幼いペトロシアン氏は、助けを求める声を聞きつけた老従業員に、あわやというところを救い出された。それでもこの経験によって、ペトロシアン氏のキャビアに対する情熱がほんの少しでも失われることはなかった。この一族はキャビア以外の高級食材も扱うようになり、レストランを開き、さらにはアメリカ市場にも進出した。ペトロシアンは世界でもっとも成功したキャビア・ブランドとなった。

アルメン・ペトロシアン。パリにある自らの高級キャビア専門店の前で。

◉エミール・プルニエ

1920年代のキャビア業界にはもうひとり忘れてはならない人物がいる。エミール・プルニエだ。彼は父親から譲り受けた小粋な魚料理専門のレストランを一大魚介帝国に育て上げ、カキの養殖場や漁船まで所有し、富裕層やレストランの需要を満たした。さらに、「海で採れるものならなんでも」をスローガンに掲げ、戦前のようにキャビアも扱おうと考えた。フランス南西部の漁場からすでに利益を上げていたから、プルニエがその地域の河口部にあたるジロンド川に大きなチョウザメが生息していること、さらには地元漁師が、ドイツのエルベ川や合衆国のデラウェア川の漁師たち同様、その卵を破棄していることに目をつけたとしても不思議はなかった。とはいえ、このことに目をつけたのはプルニエが最初だったわけではない。1890年代にはシュワッブという名のドイツ人がこの地の漁師からチョウザメの卵を買い付けていた。だが1914年の第1次世界大戦の勃発で途切れてしまっていた。

1920年、プルニエはロシア帝国憲兵団の元将校——1916年から師団とともにパリに派遣されていたが、1917年の革命以降、行き場をなくしてしまっていた人物に紹介された。この男アレクサンドル・スコットはスコットランド系の家系の出で、ピョートル大帝による西欧化に強く影響されていた。プルニエから仕事を与えられたスコットは、その翌年までにフランス南西部のジロンド川、その上流のドルドーニュ川、ガロンヌ川に沿って9か所にキャビア加工施設と、サン・スランデュゼに出荷場を建設した。

キャビアの作り方を叩き込まれた彼は、膨大な量のメモを書き残した（メモにはバイヤーは味より見た目のよさに引かれるというコメントも記されている）。捕獲できるチョウザメの種類が1種に限られることから、塩漬け具合と熟成期間を変えることで風味に変化をつけることが考案された。スコットの自慢は採卵後24時間以内にパリに急送される生キャビアだった。もともとカキの漁場と漁船を所有してレストランの需要をまかなっていたプルニエ社はさらに急成長し、当時流行していたアールデコ調の新しいレストランを1925年にヴィクトル・ユゴー通りに開店した。

エミールがガンで死亡すると、娘シモーヌが会社を引き継いだ。1930年になる頃には600人の従業員をかかえ、1932年にはロンドンのセントジェームズ通りにもレストランを開き、特製キャビア「セントジェームズ」の製造も開始した。しかし1930年代にロシア人亡命者が殺到するようにジロンド川のチョウザメの卵を買い付け、1950年代になるとチョウザメはほぼ獲りつくされてしまった。

ロンドンの顧客のために作られたプルニエのセントジェームズ・キャビア。缶の蓋部分にはパリのレストランの開店を記念してアールデコ調のチョウザメが描かれている。

プルニエの「プレステージ」キャビア。ワシントン条約でカスピ海産キャビアの輸出が禁止されている期間には入手できない。

◉キャビアビジネスの興亡

ジロンド川からチョウザメがいなくなった頃、現れたのがさらにもうひとりの重要人物ジョルジュ・レバイツだ。彼はカスピ海のキャビア製造に携わっていたオイザノフなる人物からその取引のノウハウを学び、1940年代後半にキャビア業界に参入した。レバイツは不屈のビジネスマンで、やっとの思いでロシアとの契約に漕ぎつけた――当時にあってはなかなかの離れ業だ。そのビジネス拠点はスイスだったが、レバイツは1950年にデンマークのコペンハーゲンに最初のキャビアハウスを設立した。そしてロシア産、イラン産のキャビアの量販契約をスイス本社からそつなく操って、ほどなく世界中の空港に販売所を出店した。1995年、カスピ海産の質のいいキャビアが手に入らなくなると、息子ペーターは機敏にフランスからの養殖キャビアも取り扱うようになった。

プルニエ社のレストランは1960年代に全盛を極め、従業員も2000人を数えた。しかし1970年代に低迷期に陥り、1980年には売却されて数年後には完全に姿を消した。1996年、ジャン＝フランソワ・ブルテルとピエール・ベルジェ（イブ・サンローランの共同創設者のひとり）がプルニエの名と、本店だった建物――今では文化財指定を受けている――を買い取った。彼らはドルドーニュ川でチョウザメの養殖を始め、アレクサンドル・スコットのメモを活用してプルニエのオリジナル・レシピを――例の採卵後24時間以内に急送される「パリ」キャビアも含めて――首尾よく復活させた。さらには自分たちの製品を市場に出す気があるかどうかをキャビアハウスに打診した。彼らの努力は報われた。2004年には両者がひとつになってキャビアハウス・アンド・プルニエが誕生した。現在、同社が扱うキャビアの95パーセントは養殖チョウザメの卵であり、残り5パーセントがイラン産のものである。

ペトロシアン一族の帝国は、闇市場での取引が活発化し、キャビア業界が大混乱したソヴィエト連邦崩壊前後の灰色の時期――1987年から1995年にかけて、とりわけその業績が悪化した。しかし同社はキャビアの裏社会とは取引しないことで難局を乗り切った。アルメン・ペトロシアンはあくまでも楽観的だった。「風の吹くまま、ドン・キホーテのごとく」と、彼は筆者に言った。今では末の息子も会社に加わり、販売店もレストランも繁盛している。加えて養殖キャビアの品質が向上し、5年前に行なったインタビューの際には論外だと切り捨てた養殖キャビアに対する彼の見方も変わったらしく、現在、ペトロシアン社は天然キャビアだけでなくさまざまな養殖キャビアも提供している。

アルカディ・フィクソンのカスピアも今なお一族で会社経営を行なっていて、1953年に移転したレストラン兼販売店は今も変わらずマドレーヌ広場にある。ロシア産キャビア

創業時にハンブルクに建てられたディークマン・アンド・ハンセン社の倉庫。同社は2002年にキャビア販売のヨーロッパ随一の老舗として復活している。

が入手困難となると、彼らはすぐさまイランとの契約を取り交わした（とはいえ、現在ではまたカスピ海産のキャビアを商っている）。カスピアはレストラン経営と小売販売を行なう一方で世界中に卸売販売も行なっていて、最近では香港にレストラン兼販売店を一店舗オープンさせている。

ヨーロッパ最古の老舗はどうなったのだろうか？　ディークマン・アンド・ハンセン社は第２次世界大戦によって倉庫をずたずたにされたあと、アメリカの子会社ロマノフに買収された。その後も何度か、キャビアに関心のない多国籍企業によって買収されたり分割されたりして、ロマノフはチョウザメ以外の魚からキャビアを作ることを余儀なくされた。一方でドイツの元会社はごく一部ながら裁量権を取り戻した。それでも最終的にはディークマン・アンド・ハンセン社の経営権はスザンヌ・テイラーに移った。

彼女がディークマン・アンド・ハンセン社の株を買った1993年はキャビア業界にとって苦難の時期であり、誠実に商売しようとする会社が生き抜くことは絶望的なまでにむずかしかった。テイラーはミレニアムの祝賀行事を前にして――EUの承認を得られることを確認したのち――カザフスタンから10トンのキャビアを買い付けた。数日後、カザフスタン産の海産物がEUの承認品目リストから外され、テイラーの契約は無効となった。訴訟を起こしたが、却下された。結局、問題のキャビアはアメリカで消費され、テイラーは38年間働いてきたディークマン・アンド・ハンセン社を畳むことになった。少なくともテイラーはそう思っていた。

2002年、1999年のEUの決定に対して上訴した(またしても却下された)あと、ディークマン・アンド・ハンセン社は債務をきれいに整理した。すると今度は、かつてテイラーのもとで幹部職にあり、会社経営に大いに関心を持っていたクリスチャン・ツィターーグラウワーホルツとウェルナー・セイガーが会社を買い取ることを決断した。クリスチャンは、経済市場の混乱によってロンドン、ニューヨークでのディークマン・アンド・ハンセン社の売上げが大きく落ち込んでいると窮状を訴えながらも、養殖キャビアへの需要が各国で

ハンブルクの自社倉庫前に止まるディークマン・アンド・ハンセン社の配達用バン。1930年代。

急増していることに着目していたのである。

いま彼は、ヨーロッパでは実に多くのチョウザメ養殖場が開設されつつあり、そうしたキャビアは次第に値を下げていくだろうが、天然キャビアが高値を付けるのは仕方がないと将来を展望する。クリスチャンが言うように、高値はチョウザメが「なんとかカスピ海にとどまっていられる」ための代償なのだ。それでもここでは、世界の老舗ディークマン・アンド・ハンセン社が業界に戻って来たということに注目しておきたい。

第5章◉アメリカのキャビアラッシュ

◉新世界のチョウザメ

最初に北米に入植した人々は川に出かけて釣りをした。17世紀初頭のヨーロッパでは河川がダムや堰、沈泥でせき止められて、そこに淡水魚が大量に棲みつくということもなくなっていたが、アメリカの河川は見事に澄んでいて、植民者たちに信じられないほどの多くの獲物を提供してくれた。英国の探検家であり、軍人でもあったウォルター・ローリー卿が書き留めた新世界でのチョウザメの多さは、植民者のほとんどの記述によって裏づけられる。ジョン・スミス［英国の冒険家・植民地開拓者］は1607年に「われわれは川の下流130キロほどの場所に落ち着いた。その川には幅一杯に澄み切った水が流れ……チョウザメのほかにもいろいろなおいしい魚が棲みついていて、誰も経験したことがないほどの幸運をわれわれは享受している」と、英国評議会に報告した。

1634年にはウィリアム・ウッド［英国人入植者・文筆家］が、魚は巨大で「大きいものは体長3メートル、4メートル、いや5メートル以上ある」と記した。百年後も新天地はまだ豊かな大地であり続け、ウィリアム・バード［英国人入植者・文筆家］は「ひと言で言えば、信じがたい。実際筆舌につくしがたい。そして計り知れない。ここではいったいどれほど多くが見出せるのか。目を見張るばかりだ」と記している。

しかし入植者たちは適当な釣り具を持ち合わせていなかったから、困難な日々も多かった。先のジョン・スミスは「嵐で漁がうまくいかない……チョウザメだけはたっぷり獲れる。となると、チョウザメばかりをやたら食べることになる。チョウザメがいなくなるのではないかと思えるほどに」と記し、さらに「人も犬もチョウザメを食べているが、それでも食べ切れないほど多くいる。手間を惜しまない人は、乾燥させたりつぶしたりして、その腹子とスイバなどの野草、その他の薬草類と混ぜ合わせてパンなどの食料を作っている」と続けている。

大量のチョウザメが食されたのは明らかだが、入植者たちがチョウザメを——ロシアの人々のように——おいしいものとして味わっていたとは言いがたい。一方で、本国の英国では塩漬けのチョウザメとその腹子キャビアの需要は大きかった。しかし、暑い気候やチョウザメの遡上時期の不確かさ、さらには十分な施設も質のよい塩もなかったことなどが災いして、植民地で産業化するには問題があった。よって1610年に英国にいるデ・ラ・ウェア閣下［のちのヴァージニア植民地初代総督］から寄せられた以下の苦情は、めずらしいものとは言えない。

この前送られてきたチョウザメの状態はよろしくなかった。ボイルが上手くなされていなかった。小さく切って塩を振りかけて〔塩漬けにして〕樽に詰め、頭の部分は頭の部分でピクルスにして送ったほうがはるかによいのではないか。上述のチョウザメの腹子は以前教えられたところによれば、キャビアになるというし、浮き袋も同じく教えられたところによれば、アイシングラスになるという。アイシングラスは当地ではおよそ45キロあたり13シリング4ペンス、状態のよい腹子は45キロあたり40ポンドもしている。

入植者たちは英国産の塩を使うようにと指示されていたのだが、この「塩の問題」は独立が実現するまで常にやっかいな問題であり続けた。植民地側は本国から苦情が来るたびに同じ返答を繰り返していたが、ついに怒りが爆発した。1763年、ヴァージニア植民地の

カナダ、アガワ・ロックの岩面に描かれたミズウミチョウザメの壁画。アメリカ先住民が残したとされる。撮影者は「エスキモー・ジョー」。

通信委員会は記している。「塩漬けに適した塩であれば問題は解決するのです。ヘリングもシャッド［いずれもニシン科の食用魚］も西インド諸島に輸出できるようになり、大きな利益が上がるばかりか、これまで食べてきたバルト海産のチョウザメより見事なものを英国市場にお届けできるでしょう」。合衆国初代大統領となったジョージ・ワシントンも「リヴァプール［イングランド北西の市］産の塩は魚類の保存に向いていない……リスボン［ポルトガルの首都］の塩のほうがいい」と文句をつけている。

使用する塩を選ぶことはできなかったが、間違いなくチョウザメは――北米全土のチョウザメの棲む数多くの河川や湖で実証されていたように――重要かつ有益な資源だった。そもそもそうした河川や湖は、魚の王ミッシュ-ナーマを崇拝する先住民にとっては禁漁区だった。一年のうちでチョウザメ漁にもっとも適していたのは8月［チョウザメの月と呼ばれていた］の満月の夜だったと思われるが、春のチョウザメの遡上も心待ちにされ、チョウザメが現れると、コサックがそうであったように、彼らも浮かれ騒ぎながら漁を行なった。そうした先住民族が、矢、骨でできた釣り針、シカの角を尖らせて作った銛(もり)、（コサックが使ったものとは異なるが）動きを封じるための簗(やな)などを使ってチョウザメを捕獲するさまに、旅行者は限りなく魅せられた。1705年、ロバート・ベヴァリー［植民地の官吏・歴史家］はまた別の漁法を記している。

先住民によるチョウザメの捕獲法。それは、チョウザメが川の流れが狭くなったところに来たら尾に引き縄をかけ、手早く、しっかりと引くというやり方だ。チョウザメはもがき、しばしば引き縄をかけた男を水の中に引きずり込む。そしてこのとき、泳いだり、水中を歩いたり、潜ったりしてチョウザメを疲れさせ、河岸に引き上げるまで絶対に縄を離さない男こそが、族長にふさわしい、あるいは勇敢であると見なされるのだった。

かつてはこうしたチョウザメが川を渡る彼らのカヌーに飛び込んできたという。そう、今では英国人の小舟に毎年数多く飛び込んでくるのだが。

入植後のわずか200年で、北米ではヨーロッパにおいてと同様、ダムや堰をはじめ、人間が住みやすくなるためのさまざまな工事が行なわれ、そのことが流れが速く澄み切った河川にも影響を及ぼし始めた。1792年生まれのT・J・ランドルフ大佐［アメリカの政治家。南北戦争の際には南軍の大佐を務めた］の「若い頃にはどれほどたくさんのいろいろな魚がいたかを年配の人たちが話しているのを耳にしたこともあった。考えられるのは、開拓が進み、その結果として水が汚れたことで魚が生きられなくなったのではないかということだ」という言葉に示されるとおりである。それでも独立戦争［1775～1783年］から1860年代の南北戦争にかけての時期はチョウザメは実に多く生息していた。産卵時期となると特に数が増え、小舟を転覆させたり、固くとげのような大きなウロコで網を台無しにしていまいましがられたりしたのだった。

しかし新たに誕生したホワイトフィッシュ［サケ科の魚］産業が五大湖周辺で重んじられるようになると、チョウザメはその価値を失い、情け容赦なくお払い箱となった。死骸は丸太のように地面に積み上げられ、流れ出た無数の卵は臭くて邪魔なだけのものとなり果てた。キャビアは過去のものになったのだ。1850年代にはおよそ90キロのチョウザメがわずか10セントほどで売られる安価な食材となっていた。チョウザメは、その肉質感からオールバニービーフの名で呼ばれてるようになった。

一方でデラウェア川沿いのニュージャージー州奥地では、名前は不明だが、1840年代に入植したあるロシア人移民が、生きたままのチョウザメを1匹1ドルという高値で引き取ると地元漁師に申し出た。この男は質のいいキャビアを作って故郷のロシア、さらにはヨーロッパに輸出した。次に忘れてならないのがベンディクス・ブロームというドイツ人である。ハドソン川でチョウザメ漁をするという夢が破れたこの男性は、南北戦争直後にペンズグローヴにやって来た。チョウザメの多さには満足したが、キャビアの作り方がさっぱりわからず、ドイツ人をふたり雇って彼らから教わった。キャビアづくりにふさわしい塩を武器に、ブロームは10年と経たないうちに輸出業を成功させた。6人の漁夫を雇ってチョウザメを調達すると、産卵を迎えるまで生け簀に放って飼育した。ブロームの成功はドイツ人のペーター・ディークマン、ヨハン・ハンセンのふたりに限らず、多くの起業家の関心を呼んだ。

●キャビアラッシュ、危機、そして狂乱

1886年頃にはヨーロッパでもキャビアビジネスが盛んになっていた。エルベ川のチョウザメが減少すると、ディークマン・アンド・ハンセン社は代理人をアメリカに派遣して新たなキャビア供給源を探させた。ブロームを除くと供給源となりそうな組織はまったくなかっ

た。そこでディークマン・アンド・ハンセン社は東海岸沿いの漁師に設備を提供し、きちんとキャビア作りが行なわれるよう計らった。いよいよ多くの業者が合衆国に現れるようになり、漁師たちはチョウザメの卵をブタの餌にするのを止めた。まさにアメリカのキャビアラッシュの始まりだった。

タイミングがよかった。合衆国が国家として安定し、産業も活発化して繁栄の軌道に乗り始めていた。鉄道が敷かれ、蒸気船や電信技術が登場して通商を容易にした（アストラハンの場合と同じだ）。ペンズグローヴの南に急増された掘っ立て小屋ばかりの町には――ロシアのイクリャノエ［キャビアの町の意］に対抗したのだろうか――キャビアという名がつけられた。ほどなく、かなりの量のキャビアがヨーロッパに輸出されるようになった。ピーク時にはデラウェア川で捕獲されたチョウザメから年間670トンものキャビアが製造された。同様に、ヴァンクーヴァーでも最盛期にはフレーザー川［カナダ、ブリティシュコロンビア州中南部を流れる］で年間500トン以上のキャビアが生産された。五大湖では見向きもされなくなっていたチョウザメがせっせと捕獲されるようになったのである。

1860年代にはふたりのドイツ人兄弟がブロームとは逆に北に移動して、つまりデラウェアを出てエリー湖沿いのサンダスキーに入ってキャビアを作って財をなした。やがて五大湖を取り囲むように漁業基地が乱立するようになり、1885年頃にはおよそ4000トン以上のチョウザメが加工されていた。19世紀末には、アメリカからドイツに輸出されるキャビアの量とロシアのキャビア輸入量が等しくなった。これは——驚くには値しないが——ロシアが輸入したキャビアの多くが詰め替えられ、当時すでにキャビアブームが起きていたアメリカに戻ってきて高額で取引されていたことを意味している。それほどにロシア製キャビアは人気があった。

こうした狂気の沙汰とも言えるような行為となんとも独創的な発想を背景に、１８８５年にはゴムベルトで封をした９００グラム入り缶詰と１・８キロ入り缶詰がアメリカの専売特許品となった。その缶は「オリジナル缶」と呼ばれたが、ロシアのオリジナルの缶だと思った人がほとんどだった。そしてこのオリジナル缶をドイツに持ち込み、そこからアストラハンの水産会社に広めていったのはディークマン・アンド・ハンセン社だった。

先住民にとって、彼らの「魚の王」が目に見えて少なくなったことは理不尽すぎることだった。ブリティッシュコロンビアの行政府には領土・領海を侵犯する漁師をめぐって苦情が寄せられるようになったが、手遅れだった。どの河川どの湖からも、あれほど多く生息していたチョウザメが次々に姿を消していた。理由は世界共通——乱獲とダム建設と工業廃水だった。しかしチョウザメが少なくなればなるほどキャビアの価格は上昇し、関係者には依然として大金が入ってきたため、個体数の減少が憂慮されることはなかった。結果として

コロンビア川流域でのチョウザメ漁の成果。19世紀後半。

1904年までに――ブロームが現れて40年経つか経たないかのうちに――キャビアの生産高はニュージャージー州、デラウェア州、ペンシルヴァニア州3州合わせて17トンにまで減少した。

こうした品薄の状況は思いも寄らない副産物を生み出した。ハリー・ダルボーの父親はディークマン・アンド・ハンセン社へのキャビア供給源であり、大手キャビア納入業者のひとりだった。新しいビジネス・チャンスを探っていた息子のダルボーは、従来の60余キロ入りの樽で納めるのではなく、より少量化し、低温殺菌して小型のガラス瓶に詰めて売るほうが利益が見込めると考えた。それまで誰も試みたことのない売り方だったが、結果は良好だった。

ダルボーはディークマン・アンド・ハンセン社と提携し、ドイツとアストラハンで同社のスタッフに瓶詰め加工の技術を教えた。ダルボーのこの新技術の普及により、アメリカではお定まりの闇市場が生まれることはなかった。1911年、ダルボーはフェルディナント・ハンセンと共同でニューヨークに小売店を出店し、ディークマン・アンド・ハンセン社を1854年創業のロシアン・キャビア・カンパニーと合併させた。フェルディナントはこの会社を、時流に合わせてロシア風に「ロマノフ・キャビア」と命名した。15年後、この会社が扱うキャビアはまたもやロシア製となった。アメリカ産キャビアというものはなくなった。

チョウザメ漁を規制しようという当初の試みが失敗に終わると、あとは商業目的の漁が禁じられるのを待つしかなかった。カリフォルニア州では1901年に商業目的のチョウザメ漁が禁止され、ウィスコンシン州では1903年に最低重量3・6キロ制［この重量に達していなければ捕獲できない］が導入されたが、1915年には全面的に禁止された。五大湖のひとつミシガン湖では1929年に商業的漁業が全面的に禁じられた。こうしてチョウザメ漁は、スポーツとして趣味の領域に限られることになった。さらにはヒューロン湖のカナダ側地域とアメリカ先住民の保留地を除く北米の大部分で、チョウザメ肉ならびにキャビアの広告が禁じられた。この数十年は、チョウザメの個体数および劣悪化したその生息環境を何とか回復させようとする試みが活発化し、それなりに成功を収めつつある。一方で、興味深いことにキャビアの生産がダフネとマッツのエングストローム夫妻の努力によって復

ハンブルクで缶詰にされるロマノフ・キャビア。一部はドイツに輸出されたアメリカ産キャビアだったと思われるが「ロシア」製キャビアとしてアメリカに逆輸出された。

活した。この夫妻については第7章で詳述する。

しかし実際には、生産は禁止されたもののアメリカ人が大量のキャビアを食べるようになるのを止めることはできなかった。とはいえ安価なアメリカ国産品はもはや存在しなかったから、輸入ものが――カスピ海域での生産がまた始まったこともあって――ますます幅をきかせた。キャビアはどんどん高値になっていったが、価格が原因で需要が落ちるということは一切なかった。むしろその逆だった。ジャズと狂騒の1920年代、ギャツビー［フィッツジェラルドの小説に登場する主人公］が催したような豪勢なパーティーでは、客たちがシャンパンと一緒にロマノフ・キャビアに舌鼓を打った。

1950年代の冷戦の時代には、アンリ・スーレ［レストラン、ル・パビリオンの経営者］がロシア皇帝を思わせる大仰さでキャビアを客に提供する一方で、ルイス・ソブル［キャビアテリアの経営者］はいくらか気軽なものとしてキャビアを提供していた。イラン産キャビアの通商が停止された1970年代後半からペトロシアン社が参入する1980年代にかけては、消費者は業者が提供したものをただひたすら食べつづけた。缶の蓋に「ロシア」という文字さえあれば、それがどこで生産されたものであるかなど誰も気に留めなかった。経済が活況を呈し、知的職業層が拡大するにつれて、いよいよ多くのアメリカ人がキャビアを食べだし、1990年代に入ると、アメリカはロシアに次ぐ世界第2位のキャビア消費国となっていた。一方でキャビア業界はこの頃、まさにその業界史上もっとも混乱しもっとも腐敗した時期を迎えようとしていた。

第6章◉カスピ海の危機

◉壊滅的状況

20世紀が終わろうとする頃、カスピ海のチョウザメはまさにもがいていた。1997年以来、全世界のチョウザメ個体群はワシントン条約付属書（Ⅱ）にリストアップされてきた。このことはどの国も割り当てられた量しか国際取引ができないことを意味していたが、これによってどこか一国内で行なわれる取引が制限されるということはなかった。ロシア製キャビアの大部分はロシア国内で取引されていた。ソヴィエト連邦の崩壊によって引き起こされた「危機的状況」はあっという間に「壊滅的状況」となって広がった。ロシア国内でのチョウザメ漁は17世紀以来ずっと国家の管理下にあったが、その管理体制がいきなりなくなって

個体数が危機的状況に陥るにつれて、チョウザメは全般に小型化している。そのため大部分の卵はこれくらいの大きさの成魚から採取される。

しまったのである。

闇市場が過熱する一方で、チョウザメの数もその大きさもいきなり小さくなった。産卵できるまでに成長するチョウザメが一気に減少した。カスピ海における合法的チョウザメ漁に突きつけられた新世紀最初の難題は、むしろワシントン条約の割当を満たすほどのチョウザメを見つけられるかどうかということだった。

カスピ海の危難はこれでもかとばかり続いた。1999年にはムネミオプシス・レイディ［クシクラゲの一種］の大量発生に悩まされた。このクシクラゲはカスピ海には天敵のいないアメリカ原産種であり――おそらくは黒海経由の船の底荷にでも付着して侵入したのだろうが――2年経つか経たないかのうちに群れをなすようになった（カスピ海南部の海域では1平方メートルあたり1キログラム以上のムネミオプシス・レイディが確認されている）。しかもこのクラゲは、チョウザメが主な餌とするカタクチイワシ（キルカ）の餌となるまさにそのプランクトンを餌とするばかりでなく、カタクチイワシそのものの卵や幼体までも食い荒す。黒海では、およそ10年前の１９８７年から88年にかけての1年で、プランクトンとカタクチイワシが75パーセントも減少した。

カスピ海でのクラゲの大量発生も、当然チョウザメに被害をもたらした。チョウザメの胃に摂餌(せつじ)のあとがほとんど見当たらなくなったのである。ウィリアム・ウーズリー卿が１８１９年に耳にした「魚の宝庫（maaden-i-mahi）」は枯渇してしまった。クシクラゲの駆除をめぐって多くの議論が交わされた結果、カスピ海を救うには別種のクラゲ、ウリクラゲを持ち込むしかないと結論づけられた。ウリクラゲが餌とするのはクシクラゲだけだからだ。黒海ではまれに見る成功を収めたというこの方法が成果をもたらすことを、本書執筆中の現在、世界中が待ち望んでいる。

キャビアの闇市場は数十年の間に人目に立つことなくこっそり出来上がっていった。しかし１９９０年代にはヨーロッパでもインターネット上でも、そしてとりわけアメリカにあっては、堂々と買入価格が提示されるようになった。ロシアをはじめとする共産圏の複数の業者は臆面もなく独自のシステムを作り上げて正規のディーラーの合法取引を脅かし、合法的業者には生き残ることがいよいよむずかしくなった。厳しい決断を迫られて誤った判断を下した会社もあった。たとえばペトロシアン社のように、悪徳貿易商とその粗悪品によってキャビア貿易全体が衰退するのではないかと心配しながらも、自社方針を貫いた会社は少なかった。ロマノフ社はイランからの入荷が打ち切られるとチョウザメのキャビアを全面的にあきらめ、サーモン、ゴールデン・ホワイトフィッシュ［サケ科に属するマスの一種］、ランプフィッシュ［ダンゴウオ］の卵を使った「お手頃キャビア」の販売に切り替えた。

ワシントン条約に定められた割当制は税関職員の仕事を増やした。動物の毛皮や象牙といった従来のエキゾチックな密輸品ばかりでなく、職員はキャビア缶も取り締まらなくてはならなくなった。ふたりのアメリカ人研究者（ヴァディム・バースタインとロブ・デサール）が考案したチョウザメの種別判定のためのＤＮＡテストのおかげで、缶の中身とラベルの記載との照合が税関で行なわれるようになったのだった。疑わしいキャビアの積荷が次から次へと追跡・押収されていった結果、ついに問題の悪徳業者数名が逮捕された。しかしこれは氷山の一角に過ぎず、氷山そのものを取り締まることはできなかったという印象は拭えない。

◉保護するために

1997年にワシントン条約のリストがようやく批准されたのは、ロシア人研究者たちの陳情活動やチョウザメを救うには即刻行動に移す必要があることを訴えたトラフィック［野生生物の取引を監視・調査するNGO］の保護活動のおかげだった。しかし本質的には、それだけでは不十分である。国際取引は規制されている（というか、されていることになっている）にもかかわらず、問題の核心が語られていないからだ。チョウザメ資源の回復を保証するのはいったい誰なのか？　その経費はどのようにまかなわれるのか？　とりわけベルーガについては絶滅にもっとも近い種であるため、早急の対応が迫られていると言われている。

この10年間、回復計画を作成するために何度も会議が開かれ、白熱した議論が繰り返されてきた。イランは保護計画に大筋で同意し——ベルーガの保護のためにほとんどの国々より多くのことをすでに試みてきたにもかかわらず——さらに5年間の操業停止にも賛同した。一方、世界一のベルーガの個体群を誇りながらも、カザフスタンのように代表者をひとりも派遣しない国もあった。石油は食べられないからとマルコ・ポーロは原油が噴き出る油田を無益なものと見なしたが、今ではその油田がチョウザメの直接の敵対相手となっている。発展途上の国々では石油こそ金を生み出すおいしいものなのだ。

これに対してシーウェッブ［海洋保護に取り組む非営利団体］、ブロンクス野生生物保護協会（Bronx Wildlife Conservation Society）、自然資源防衛協議会［自然保護活動や米国の核実験についてのデータ収集などを行なっている］の三組織は自らをキャビア・エンプターと称し、一丸となってベルーガのための陳情活動を行なった。そして2007年、ついにその主たる目的が達成され、どのような姿かたちとなっていようと合衆国へのベルーガの輸入は禁止された（ただしこれは合衆国内で適用されるだけにすぎない）。三団体は産卵を補助したり、個体群を観察・記録したりしてその活動を続けている。現在、ワシントン条約付属書（I）にベルーガがリストアップされることがほとんどの保護団体の悲願となっている。そうなればベルーガの取引が世界的に禁止されることになるからだ。

今のところ、これ以上の策はないように思われる。「ベルーガの取引禁止」ということになれば、それだけでロシア以外の地域での売買は一気になくなる可能性もある。たとえばe－BAY（イーベイ）を覗いてみると、ベルーガキャビアと称されるものが大量に出回っているが、象牙の場合と同様、ワシントン条約によって取引禁止にされるとこうした商品は売ることができなくなる。しかし、売ることができなくなればそれでめでたしと言えるほど話は単純ではない。ベルーガが金儲けのタネにならなくなったとき、ではいったい誰がベルーガを保護しようと思うだろうか？

繁殖用に採卵するために水揚げされた大型のベルーガ

アルメン・ペトロシアンは、キャビアビジネスに関わる多くの人がそうであるように、カスピ海の窮状を実利的に見ている。その反面、1990年代の窮状からあまりに多くのことが生じたために、現状の深刻さが十分に認識されていないとも感じている。一部の業者は、陳情団は悪いニュースを前面に押し出すことで既得権益を守っているように見えると疑念をいだいている。確かに、悪いニュースがなければ陳情団のような団体組織に寄附が寄せられることもない。カスピ海を訪れるキャビア業者たちはチョウザメの個体数の激減ぶりを認めつつも、その理由のひとつは幼体資源が養殖場――今ではキャビア生産に乗り出している――に採取されていったことにあると力説する。取り締まりやワシントン条約による規制のみならず、カスピ海周辺の至るところでチョウザメを孵化させ、放流している諸国家の努力もチョウザメの減少を食い止める一助となっている。結局のところ、そうすることが自分たちのためなのだ。

たとえばアゼルバイジャンのような国にとって、キャビアは重要な輸出品なのである。孵化した幼魚はもっとも年を経た個体でも7〜8歳といったところだが、それでもチョウザメの個体数は、幼魚が成長して産卵するにつれ、ゆっくりとではあるが回復しつつある。2008年には誰もがベルーガは絶滅したと思っていたが、実際はセヴルーガより数多く生息していた。「チョウザメは実に不思議な魚で、いまだにわかっていないことが多くある」

と、M・アルメン・ペトロシアンも言っている。2009年、ようやくカスピ海産キャビアの取引がワシントン条約によって禁じられた。

それでもペトロシアンは、全面禁止にしたところで闇市場の撲滅にはつながらないと考えている。そして彼のこの考えは間違っていないと思われる。ロシア中の、そしてかつてロシアだった国々の闇市場はひとつの「生き方」であり、多くの人にとって成功への唯一の道なのだ。一獲千金の夢は叶わなくても、少なくとも生計を立てられるようにはなる。キャビアを買いたい？　あのね、アストラハンからモスクワに向かう列車の見張り番に言ってみるといい。いくらか融通してくれるよ。多少ふっかけられるかもしれないけど、3キロ缶くらいなら手に入れられるだろう。もっと欲しい？　だったらヴォルガ・デルタに行くしかないね。1週間もあそこにいれば、飽きるほどキャビアが食べられるさ。

多くのジャーナリストがこの10年にわたって密漁師、加工業者、悪徳役人、密売者からなる（不正の）食物連鎖（フードチェーン）を探ってきた結果、それはまず間違いなく存在することがわかってきた。かの地では、奇妙な図式の観光客相手の商売が生まれてきているということだ。筆者にはそんな商売のカモになる気はなかったけれども。

では結論は？　さまざまな対応策が求められていくと思われる。ひとつは養殖キャビアを十分に生産して市場を満たすことだ。もちろん、このことで天然のチョウザメにもたらされた惨状を修復するだけの資金が生まれるとは考えられないし、当面は国や国際的な財源に頼るしかないのだが、今や養殖キャビアは、あの繊細な珍味を愛でる人々にとって、持続可能なキャビアのもっとも貴重な供給源のひとつであることはすでに証明されているのではないだろうか。

第7章◉チョウザメを作る

魚を飼うことは人間にとって古くから重大関心事だった。はるか昔、紀元前5世紀には中国の漁師が魚卵を売買していたし、エジプトでは――ローマ人が莫大な費用をかけて異国の魚を手に入れて飼っていたのと同じように――池を造って魚を飼育し、観賞していたのである。中世になると、むしろ現実的目的のために、池というよりは生け簀が大地主や修道士によって造られた。断食の日のための魚を確保しておくためである。生け簀は11世紀初頭にフランスで始まり、続く2世紀のうちにヨーロッパ全土に広まり、フランス中央部だけでもその合計面積は400平方キロメートルにも及んだ。中世が終わる頃［ルネサンス興隆期の15世紀あたり］には大部分が放棄されたが、その名残は今なお存在している。

チョウザメに関して言えば、フョードル・オヴシャニコフというロシア人がコチョウザメの繁殖過程を初めて解明したのが1869年、つまりアストラハンの漁業が絶頂期にあった頃だった。アメリカでは、魚類全般のディーラーだったセス・グリーンがハドソン川でアトランティックスタージョンの孵化に成功した（とはいえ、その稚魚を成魚にまで生育させることはできなかった）のが1875年だった。ただし天然のチョウザメが有り余るほど生息していた時代にあって、そうした研究は必要な情報を得るというよりは、学術的好奇心を満たすためのものだった。

●チョウザメを繁殖させる

しかし1950年代後半になり、ロシア国内の水力発電ダムによってチョウザメが産卵場所に遡上（そじょう）できなくなるという事態が生じると、ソヴィエト政府の対応は早かった。ヴォルガ川、クラ川、ドン川、ドニエプル川、アムール川に大規模な孵化場を（ヴォルゴグラード・ダムの真ん中に造られたひとつも含めて）設けたのだ。25年の間に何百万匹ものチョウザメの稚魚が放流され、1980年代半ばにはカスピ海沿岸に設けられた広大な水産養殖場に1億匹を上回る稚魚が飼育されていた。その中の3パーセントしか生き残らないとしても、これだけの稚魚がいれば相当数の成魚が期待できる。1980年は2万9000トンという1900年の記録的漁獲高に勝るとも劣らない大漁となり、目を見張るような実績と国家による全面的管理の成果を残した年になった。

当然ながら、ソヴィエト連邦はチョウザメの繁殖を独占事業とすることを望んだ。そうしなければキャビアの独占販売と、それに依存している外貨の獲得ができなくなる恐れがあったからだ。漁場はクローズド・ショップ制［会員であることを雇用の要件とする制度］となり、情報もほんの一部分だけが脱会した研究者から漏れ聞こえる程度となった。

唯一の例外はフランスにおける魚類研究の第一人者のひとり、モーリス・フォンテーヌだった。１９７０年代、フランスの主力魚類研究者のひとりだった彼はチョウザメの繁殖に関心を持っていた。というのも、ボルドー［フランス南西部の市］の北に位置するジロンド川の河口に注ぎ込むガロンヌ川とドルドーニュ川と言えば、かつてはチョウザメの漁場としてよく知られ、１９２０年代にはエミール・プルニエがキャビアの加工場を設けたこともある河川域だったにもかかわらず、当時はチョウザメがほぼ姿を消してしまっていたからだった。

フォンテーヌは先祖から受け継いだガリア人魂を発揮して、魚類を繁殖させる自らの技術はロシアが繁殖用に飼育しているチョウザメ数匹と交換できるほどの価値があるとでも熱弁をふるったのか、当然のごとく渋るロシア人関係者を説き伏せた。そして――遺伝子汚染が生じないようにとの配慮から――ガロンヌ川やドルドーニュ川に棲むヨーロッパチョウザメではなくシベリアチョウザメ（学名 *Acipenser baerii*）の稚魚を持ち帰った。

フォンテーヌはボルドーに近いセマグレフ［フランスの国立農業環境工学研究所］の漁業研究所でシベリアチョウザメの繁殖研究に取り組んだ。その成果に満足したセマグレフでは、続いてヨーロッパチョウザメをかつての生息域に戻すための繁殖計画が開始された。今や不要となったシベリアチョウザメは周辺の少数の養殖業者に売り払われた。このときの業者のひとりがアラン・ジョーンズだ。英国人のジョーンズはサーモン、ハタ、ヒラメの繁殖の研究者としてキャリアをスタートさせたが、フランスに移ってからはイシビラメの養殖を手掛けていた。繁殖の研究者仲間の間でジョーンズの評判が高まると、ほどなく彼は博士としてスペインでの事業にヘッドハンティングされ、チョウザメの研究に取り組んだ。ジョーンズ自身にはスペインは好みの土地ではなかったが、チョウザメは魅力的な研究対象だった。

ジョーンズと妻のアナベルはジャン・ブーシェとクローディア・ブーシェ夫妻とともに会社を設立した（ちなみにクローディアの父親はマスの養殖をしていた）。会社経営は苦しかった。チョウザメの養殖は財政的に不安定だった。大きな資本を要したのはもちろんだが、孵化して採卵できるようになるまで7～8年の準備期間（リードタイム）をしのぐ必要があった。1999年の冬、新世紀の祝賀行事用にと期待をかけていた黒い金の卵（ブラックゴールド）を最初のメスのチョウザメがまさに産卵しようとしていたそのとき、フランス中をずたずたにするほどのハリケーンに襲われた。ジロンド川のすぐ近くだった養殖場は河口を駆け上るかのよう

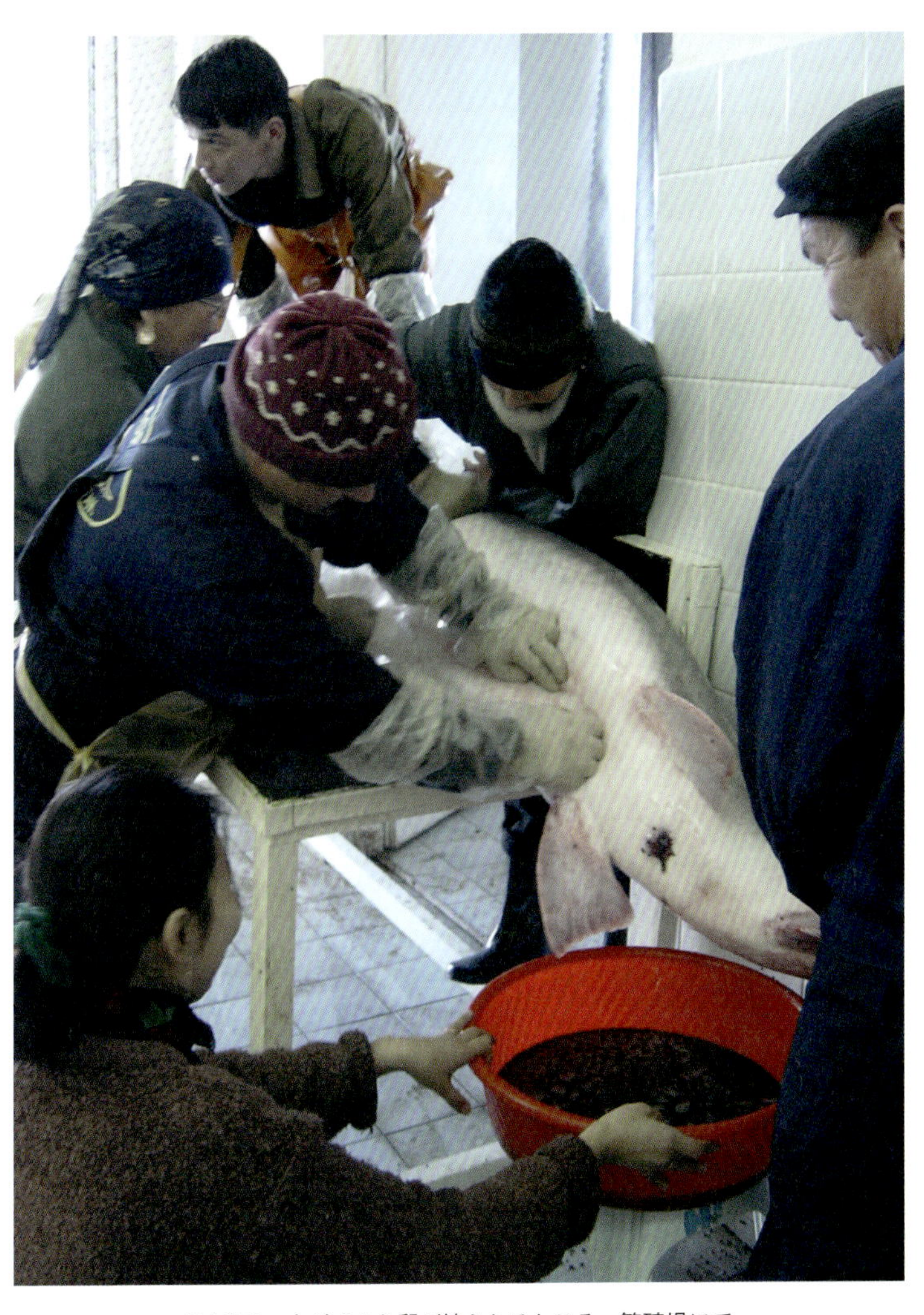

メスのチョウザメから卵が搾られるところ。繁殖場にて。

な高波を避けられず、タンクから20トンもの魚が波にさらわれ、川に放り出された。

幸運なことにアキテーヌ［フランス南西部の一地域］にはかつてのチョウザメ漁の技術がまだ残っていた。ジョーンズはすぐさま地元漁師に助けを求めた。地元のチョウザメとは異なる種であり、淡水に生息する種だったために、シベリアチョウザメは当然ながら容易に区別がついた。徐々に、そして結局すべてのシベリアチョウザメが戻り、漁師たちは何十年ぶりかで実入りのいいチョウザメの漁獲シーズンを経験することになった。彼の会社、スタージョン社は成長を続け、今ではイタリアの1社を含めると8社を傘下に置く、世界でも屈指の一大養殖場となっている。

●アメリカでのチョウザメ繁殖

話は戻るが、1980年代にはロシアの成功とフランスの努力が世界中のチョウザメ養殖関係者の興味と注目を集めた。そしてアメリカの天然資源保護論者も――数十年にわたる規制の甲斐なく、ある種の個体群が絶滅への道をたどり始めたことから――チョウザメの個体群を増加させようと飼育下繁殖［動物園や水族館などのように、人工的な環境で繁殖させること］に関心を持った。遺伝子の稀釈をめぐる議論も生じたが、地域によっては、それは避けようのないリスクだと見なされた。認可を受けて、いくつかの孵化場で研究プログラムが立ち上げられた。そして物議を醸しながらも、今なおプログラムは北米中で進行している。プログラムが功を奏するにつれ、絶滅の危機に瀕したカスピ海のベルーガを繁殖させようという試みにも弾みがついた。しかし研究機関もわかっていたように、絶滅の危機に瀕する種の保存に関する法律に従って米国魚類野生生物局が2002年にベルーガの輸入を禁止している以上、たとえ研究や飼育下繁殖のための少量の魚卵サンプルであっても入手は認められず、この問題を解決するには数年にわたる陳情活動が必要となった。

1980年代のアメリカではキャビア貿易がブームを迎えていた。ほどなくもう一度アメリカ製合法キャビアを売ろうと考える人たち――ふたりのスウェーデン人が現れた。彼ら、ダフネとマッツのエングストローム夫妻は、ふたりより百年早くアメリカに渡った移民と同じように、カリフォルニア州のチョウザメ漁師がその卵をネコに与えているのを見て目を疑った(と同時に、この資源を活用する合法的手段がきっとあるはずだと考えた)。ほとんどの州で、部位にかかわらず地元に生息するチョウザメを売ってはならないとされているため、夫妻はチョウザメ販売を禁じていない州からしか買い付けられなかった。

キャビアの作り方を独学で覚えたふたりは、一部の卵をカリフォルニア大学デービス校のロシア人研究者セルジュ・ドロショフに提供して共同研究を続けた。そして生きたまま海に戻すことを条件に、ついに許可を得て20匹のパシフィックチョウザメ、別名シロチョウザメ

（学名 *Acipenser transmontanus*）から採卵して交配した。アメリカでのキャビア養殖の始まりだった。

エングストローム夫妻はゆうに一冊の本にできるほど多くの挫折を経験した。孵化場が火災に遭ったり、ロシア産キャビアでないことから鼻であしらわれたり、１９９０年代には押し寄せる安い輸入品の波にのまれそうになったりした。盗難被害にも遭ったし、中国では詐欺に遭い（低温すぎる水の中で育ったために正常のスピードで生育できないチョウザメをつかまされた）、さらには資金難にも見舞われた。ふたりがカリフォルニア州サクラメントで始めた最初の事業は、今ではアメリカ産養殖キャビア界きっての大手となっているノルウェーの水産養殖会社ストルト・シー・ファームに引き継がれ、このストルト社のシロチョウザメのキャビアはスターリングというブランド名で市販されている。

２０００年になってエングストローム夫妻はキャビア業界に復帰して新会社を設立し、シロチョウザメのキャビアを製造して成功を収めている。こちらのブランド名はツァーリ・ニコライだ。筆者が面白いと思うのは、上記二社のアメリカの二大ブランドの味が非常に似ている（そしておいしい）ということだ。とはいえ、そもそもストルト社にキャビア作りを教えたのはエングストローム夫妻だったのだから驚くべきことではないのかもしれない。

現在は世界中にチョウザメの養殖場がある。キャビアを作っているところもあれば、繁殖を専門としているところもある。フランスや合衆国ばかりでなく、イタリア、カナダ、スペイン、ドバイ、ベルギー、ドイツ、ラトヴィア［バルト海沿岸に位置する］、オーストラリア、ウルグアイ、中国など、多くの国でチョウザメが養殖されている。もちろんロシアにも造られていて、モスクワ近郊だけでもじきに20か所を数えるようになると思われる。

◉進化する養殖技術

こうした養殖場のすべてに共通することがひとつだけある。一見すると殺風景なまでに実用本位に建造されているということだ。それでもよく見ると、タンクの中には驚きが詰まっている。スタージョン社の養殖場はイール川［ドルドーニュ川の支流］の近くにあって、セマレグレフの研究所に隣接している。筆者が見学した日には、研究所が1万匹目となるヨーロッパチョウザメ（学名 *Acipenser sturia*）をドルドーニュ川に無事に放流できることを祝って環境大臣が訪問するとかで、大勢の警官が警備にあたっていた。スタージョン社の孵化場では病的異変が生じないよう、バイオセキュリティ［生物に対する全般的な安全措置］が徹底している。厳重な管理が、抗生物質を必要としない健康なチョウザメの成長につながるのである。

このような養殖場のチョウザメは――ひとつには養殖場という環境下にあるために、さらには遡上しない種であるために――産卵行為を示すことはない。だから1時間ごとにチョウザメをチェックし、卵が成熟して放卵されるその時を正確に把握することが必要となる。

その年、1200万個の卵がメスのチョウザメから帝王切開によって採卵された。数種の別種とは異なり、シベリアチョウザメは卵を「搾(しぼ)る」ことができないからだ。こうして集められた卵のうちの3分の1は中国に売られ、残りを選別して、受精、孵化へと進めていく。チョウザメには「巧妙」と言いたくなるようなシステム——卵が川底から流されないためのシステムが備わっている。卵の外皮が水に触れると粘着性を帯び、川底の砂利にくっつくのである。この状態を生じさせてしまったら人工繁殖は失敗だ。ひとつの塊となった卵を受精させることはできない。これを避けるためには、すぐさま粉末粘土をまぶして卵をばらばらにしてしまうことが求められる。

ひと月経つと、チョウザメの幼体は1グラムほどになる。25グラムになれば体長はおよそ5センチとなる。6か月経つと若魚(アラヴァン)となって最終飼育場に移される(輸出されるのもおそらくこの頃だ)。若魚のタンクを覗くと、若魚は思ったより活発に動いていた。水面から飛び跳ねたり、勢いよく泳ぎまわったりしていて、筆者が思い浮かべていたおとなしい魚のイメージとは大違いだった。それでもすくい上げられて水から離れると、一瞬だけ筆者の手の中でのたうったが、そのあとは静かに横になっていた。チョウザメの典型的反応だ。しなやかな体は斑紋のある褐色、鼻先は長く格好よく曲がっていて、なんとも魅力的な若魚だった。

次に見学する飼育場に移動する途中、また警官のわきを通った。警官たちは依然としてセマグレフを警備していた。大臣の到着が遅れていたのだ。最終飼育場は海水が入って来る河口の湿地のやや上流、サンフォールシュルジロンドにあり、およそ8万平方メートルの敷地面積のほぼ半分を木立（こだち）に縁どられた養魚池が占めている。そこには濾過された川の水が引き入れられ、酸素レベルが低下するとアラームが鳴り響く。

到着すると用水路のわきに建つ小さな迎賓館のような建物がまず目に入った。実はキャビアの試験場だったが、窓という窓に遮光のためのブラインドが取り付けられていた。折から秋のキャビアシーズンが始まろうとしていた。男性がふたり腰まで水に浸かりながら、重さ8〜10キロといったところだろうか、巨大なチョウザメを引き揚げようとしていた。チョウザメはひとたび引き揚げられるとわずかにもがくが、じきに落ち着いたようすを見せる。揺りかごに似た形の受け台に載せられ、羊に使われるような超音波の検査機器で腹部をスキャンされる。スクリーンには腹いっぱいの卵を抱えたチョウザメの姿がぼうっと浮かび上がる。なかなか美しい。これは卵嚢（らんのう）の成熟具合を見るために行なわれる作業で、形が大きく整ってきていれば、卵のバイオプシー（生体検査材料）が手早く採取されて味が試される。小さすぎる場合にはすべて養魚池に戻される。一方、十分成長した卵を持ったチョウザメは2〜3週間、別の養魚池に移されて待機させられる。切開前にすべての「雑」味を取り除くためだ。

その日1日に製造された「ストゥーリア」キャビアのサンプル

このあとアラン・ジョーンズはサンシュルピス・エ・カメラックにある加工場に案内してくれた。生け垣の向こうには完成したばかりの特注品——泡立つ海面で跳ねている2匹のチョウザメの像が置かれていた。この会社の成功は間違いなく地域の誇りとなっているようだ。チョウザメの卵を塩漬けにする技術を4年間学んだアランの妻アナベルは、今では「キャビア・メーカー」として成功している。第1章で記したように、ふるいにかけ、洗浄し、自らの判断と100パーセント混じりけのない塩を使って、彼女は由緒正しい独自のキャビアを製造する。その比類なき「ストゥーリア」キャビアは、餌、飼育環境、さらにはキャビア作りのテクニック、つまり塩の加減、衛生状態の徹底管理（筆者たちも手術室にでも入るかのように消毒と専用の衣服の着用を求められた）、卵の大きさと色、そして最後に熟成期間といったものが融合して出来上がったものだ。

養殖キャビアの製造者は熟成期間の異なるさまざまな商品を積極的に展開している。今では数種のチョウザメが養殖されるようになったため、キャビアの味も毎年バラエティ豊かになってきている。アナベルによる熟成期間2週間の「プリムル」フレッシュキャビアの味は筆者にとっては繊細すぎるほどに繊細だ。「クラシック」そして「ヴィンテージ」には至福という言葉がふさわしい。キャビアには「ベスト」はない。われわれ消費者は、異なった熟成期間、異なった製法、異なった種のキャビアを楽しむ幸福を享受するのである。

天然のものでなければと、養殖キャビアを拒む人たちには見落としていることがある。美食家が愛するワインもチーズも、天然の産物ではない。が、さまざまな品種、さまざまな原料から造り手は魔法にも似たテクニックを駆使し、あれほど豊かな味わいを提供してわれわれ消費者を楽しませてくれているではないか。ワインやチーズに比べれば、キャビアの養殖は誕生してまだ日も浅く、製造者もよちよち歩きを始めたばかりなのである。

実際、本書が印刷されようとしていたちょうどそのとき、ラトヴィアのある会社がチョウザメを殺す必要のない新システムで作られるキャビア――モトラ・ブランドを立ち上げた。

命あるかぎりチョウザメは成長を続けるから、そうなれば生産高は毎年増大し続けることになる。しかしそのような方法で採卵を繰り返しながら、チョウザメはいつまで商品を生み出し続けられるのか、そこまではまだわかっていない。他の養殖場同様、そこでもチョウザメは厳重な管理下で飼育されている（有機飼育認証の取得を申請中だ）。このシステムの特色は、チョウザメが従来どおりのタイミングより少しだけ遅い時期にマッサージを施して採卵するという点にある。

販売担当重役のセルゲイ・レヴィアキンは、このブランドの味はかつてロシア皇帝が味わった19世紀のキャビア本来の味に近いのではないかと考えている。従来の卵よりわずかに成熟した卵は、ゆるやかに温めて安定させる必要がある。微妙で慎重さを要するプロセスであり、作業の改善には多少の時間が必要だった。筆者が最初の頃に試食した卵は、温め方に問題があったのか、固いうえに塩辛くなりすぎていて、キャビア業界の関係者同様、何ら魅力を感じなかった。しかし二度目のサンプルにはまさにあとを引くなめらかさがあって堪能した。すぐにあきらめてはいけない――まさにその好例だった。

ひと言付け加えておきたい。筆者はチョウザメの養殖業者によって作り出されるキャビアに心ときめいたと同時に、養殖場で孵化しているチョウザメに元気づけられもした。タンクの中を活発に泳ぎ回る若魚（アラヴァン）の姿を眺めたり、小さなチョウザメがロシアやアメリカ、そし

未来への希望となれるか？　カスピ海に戻された元気のいい2匹のベルーガ。

てヨーロッパに古くから流れている河川に戻っていく姿を思い浮かべたりしていると、かすかに差し込んだ希望の光に気持ちが前向きになる。天然のチョウザメにのしかかっている重圧を養殖キャビアが軽減することができれば、そして孵化場をあとにしたチョウザメが再び河川や海に棲みつくことができれば、まだ手遅れではないはずだ。間違いなく、チョウザメに未来はある。さらに言わせてもらえば、この200万年の間ずっとチョウザメを貪り食ってきた大食漢――ヒト以上にチョウザメが長く生き延びていく可能性すらないわけではない。

第8章◉代用キャビア、続々登場

キャビアと言えばチョウザメの卵を指すが、チョウザメ以外の魚の卵も何世紀もの間、塩漬けして保存食料とされてきた。地元産の魚を使う場合もあれば、まったく作り変えて製品化する場合もある。魚以外の海産物から作られた「魚卵」もある。いずれにしても魚卵は栄養価が高く、そのほとんどがおいしい。

問題は、そのような代用品によってもキャビアを味わったときと同じ感覚が体験できるかどうかということだが、はっきり言って答えは「ノー」である。チョウザメの卵から作られたキャビアとそっくり同じものなど存在しない。ほかのどれをとってみても、あれほどの神秘的な味わいはない。かつて食べる楽しみは――それが途方もなく高価であったり入手することがむずかしいとわかっていると、ある種の高揚感が加わったりすることはあっても――

精選されたさまざま代用キャビア。大きいものがサーモンの卵で、赤いキャビアと呼ばれることも多い。キャビア・エンプターのキャンペーンより。

単純に、香り、味、舌ざわりの問題に帰結した。「ブラインド・テイスティング［ブランド名を伏せて行なわれる試食会］」の面白さも実はそこにある。数年前、筆者はキャビアと代用品の両方を使ってテイスティングを行なってみた。その際、ほとんどのテイスターは本物のほうを評価したが、キャビアを初めて口にした2名はニシンの卵で作られた代用品を高く評価し、ベルーガ（キャビア）を下位に位置づけた。

しかし今日の食べる楽しみには、環境、フードマイル［生産地から消費地までの距離］、健康、持続可能性、お手頃感、動物愛護といった諸問題、さらにはさまざまな要因が何重にも絡み合っており、食品を選んだり楽しんだりすることがいよいよ複雑でむずかしくなってきている。知らなければ何ということもなかったのに、知ってしまった以上は、古代種の絶滅につながる食品を食べる気にはなれないと感じる消費者も少なくない。養殖キャビアこそがその解決策なのだが、ではほかにどのようなものが代用品になり得るだろうか？

◉サーモントラウト、トラウト、コッド

ロシアではキャビアは常に黒い（チョウザメ）か、赤い（サーモンとトラウトとコッド）かのいずれかで表示されてきた。というのも黒いキャビアはコーシャーではないために、赤いキャビアがロシアのユダヤ教徒の伝統の一部となってきたからだ。サーモンの卵はオレンジ色で透き通っていて、濃いめの色の点が見える。6～7ミリのものとなるとベルーガの卵より大きく、その被膜はチョウザメのそれより固い。だからつぶれるときには強い歯ごたえとともにさらりとした油分が口中ににじみ出て、みずみずしく甘い風味が楽しめる。「ひと粒噛むと、口の中がバラ色になる」と、ため息まじり言うロシア人もいる。サーモンのキャビアは――ロシア語で魚卵を意味する ikra（イクラー）に由来して――イクラの名で日本で多く食べられている。トラウトのキャビアはサーモンのキャビアの半分ほどの粒で、海の風味はあまり感じさせない。

ランプフィッシュ。1799年に出版されたゴットリーブ・ヴィルヘルムの『自然史の対話 *Unterhaltungen aus der Naturgeschichte*』に収められた版画。

◉パドルフィッシュ

パドルフィッシュはチョウザメと同じチョウザメ目に属すが、科［ヘラチョウザメ科］が異なっている。その卵はアメリカでお手頃価格の代用品として使われていて、セヴルーガに似ているところから、ロシアンセブルーガと触れ込まれることがある。だが味は似ても似つかず、かなり泥臭い。

◉ランプフィッシュ

ランプフィッシュは最大7キロほどに成長し、多いときには体重の30パーセントほどの卵を抱いている。卵は小粒でざらついた食感があり、じゃりじゃりしていると評する人もいる。伝統的なスモーガスボード［さまざまな料理をひとつのテーブルに並べて自由に取り分けて食べる食事スタイル」にしょっぱいひと味を添えるのに適している。この卵を赤か黒に着色して瓶に詰めたものがスカンディナヴィア地方で広く利用されている。スカンディナヴィア産のカレイの一種であるløgrum（ログルム）の卵から作られたペーストも、ピンク色のクリーミーなスプレッドとなって、歯磨きチューブさながらの容器入りで販売されていることがある。

●ホワイトフィッシュ

ホワイトフィッシュはアメリカの五大湖原産種であり、言うなればアメリカ版ランプフィッシュだ。卵は小粒で白っぽく、透き通った外見からは想像できないほど食感はざらざらしている。ランプフィッシュの場合と同様、着色されたり味や香りがつけられたりするため、ジンジャー風味、トリュフ風味、ビーツ風味、ワサビ風味、サフラン風味、さらにはバニラ風味といったものまで登場している。

●グレー・マレット

この魚の卵はタラモサラダ［パン粉・オリーブ油・レモン汁・タマネギなどを混ぜペースト状にしたギリシア風オードブル］に使われたり、現在ではコッドの卵が使われることが多いが、

筆者が自宅で試みたロブスターの卵の塩漬け

ボターゴ［カラスミ］に加工されたりする。

●ロブスター、カニ、プローン、ウニなど

甲殻生物の卵

ロブスター、カニ、プローン［中型のエビ］、ウニの卵も塩漬け保存される。なかでもウニの卵はなかなかの珍味だが、地中海の一部の海域では保護種とされている。筆者が食べたり調製したりした甲殻生物の卵の中ではヨーロッパアカザエビのキャビアだけが――「もっと食べたい」とあとを引く風味（と、つやのある深い海緑色の美しさ）を備えている点で――チョウザメのキャビアに匹敵する。残念なことにチョウザメのキャビアが持つそっととろけるような舌ざわりはないが、多少の手間がかかっても機会を見つけて筆者が調製す

ウニのキャビア。珍味だが地域によっては保護種とされている。

るのはこれである。

ほかにもパイク［カワカマス］、アメリカン・ホワイトフィッシュ［レイク・ホワイトフィッシュ］、トビウオ、マグロやカツオ（イタリアではこの腹子をつぶしてパスタの上にのせる）など、卵が利用される魚は多い。そして塩漬け保存されたその卵が買い漁られてさまざまに風味づけされたり、ときとして風変わりな色に着色されたりしている。

●燻製ニシンのキャビア（ユーロキャビア）

人工キャビアは1970年代にロシアで最初に作られた。大豆、植物性油脂、魚脂、鶏卵、保存料、安定剤などを原材料にしてキャビアに似た粒状の食品が作られたのである。結果は惨憺たるものだった。しかし現在では改良を加えられて進化した人工キャビア――軽く燻したニシン（あるいはコッド、ニシン、ボラの卵の混合物）をイカ墨で着色し、アルギン酸塩を添加して作られたもの（粒はオシェトラの粒と同じくらい）が数社から提供されている。またロシア製であっても、ツァーリ・キャビアもチョウザメのキャビアだと思ってはいけない。燻製ニシンのキャビアを作っているのはスペインの会社が多く、主なブランドとしてアヌーガ、アレンハ、オヌーガが挙げられる。オヌーガは燻製もほどほどで保存料も使用していない。といってもこれ以外にはブランドによる差異はほとんどない。

燻製ニシンのキャビアは調理しても崩れない。もっとも注目すべき点は燻製ニシンのキャビアは口に入れても溶けることがなく、粒のままだということだ。それでもほどほどに魚っぽく、安価で、多くのシェフに幅広く活用されている。この燻製ニシンのキャビアをフードライターのマルク・ミロンは新世界の新興ワインになぞらえ、瞬間おいしいと思うかもしれないが、入念にブレンドされた旧世界のワインが持つような微妙な味わい、際限なく変化に富んでいて飽きさせることのない魅力は持ち合わせていないと評している。的を射た分析だ。

◉キャビ－アート（Cavi-Art）

絶対菜食主義者に打ってつけのめずらしいキャビアもどきはデンマーク人海洋生物学者によって偶然に見出された。イェンス・ミュラーは、海藻に酵素を取り込ませると水の色が緑色から赤に変わることを知っていた。ティーンエイジャーの息子たちに、このちょっとした不思議を科学の驚異として実感してほしいと彼は思った。しかし実験は失敗に終わり、息子たちからは何の感動も引き出すことはできなかった。実験も実験器具も放り出したまま2週間が過ぎ、ミュラーはようやく実験室に戻った。驚いたことに、海藻がキャビアそっくりの粒に姿を変えていたばかりか、口にするとほどよい海の風味さえ感じられた。5年間彼

ミュラーの三色の海藻キャビ - アート（Cavi-Art）

真珠色のカヴィアル・ド・エスカルゴ

は技術研究を重ね、いくつかの異なるタイプ——サーモンのキャビアに似ているもの、赤や黒あるいはゴールドに着色されたランプフィッシュのキャビアにそっくりのものを製品化した。この人工キャビアは海の前菜（シーレリッシュ）と呼ばれたりもしている。

●カヴィアル・ド・エスカルゴ

カタツムリの卵を使ってキャビアを作る技術は古代チベットに起源があるとされるが、その技術が時を経て南フランスで試された。しかし、ひとつには石灰化しているその殻のせいで、ひとつには低温殺菌すると風味が失われてしまうために、試みは失敗に終わった。それでも2004年に元建設業者のドミニク・ピエールが北フランスのソアソンにカタツムリの養殖場を造った。敷地を塀で囲い、長い厚板を何枚も立てかけ、あたり一面に餌（小麦、大豆、トウモロコシ、カルシウムを混ぜた特製のごちそう）を準備し、気温が下がる夕方には水を噴霧して湿気を漂わせる。するとそこにカタツムリが現れて、厚板のテーブルを這いながら、晩餐をむしゃむしゃ楽しんでいくといった次第である。ピエールはカタツムリの卵を採取するという作業を現代に復活させ、地元のホテル学校、アロマティクスの専門家、さらには数名のシェフに支援を求めて、固く弾力性のない卵をすばらしくなめらかな舌ざわりにする方法ばかりでなく、低温殺菌をしないで済む方法も考案した。

カタツムリの卵を味わうのはもちろんのこと、口に入れると考えただけで薄気味悪く感じられる向きもあるだろうが、エスカルゴのキャビア（カヴィアル・ド・エスカルゴ）と呼ばれるそれはまるで乳白色の真珠のようで、一目見ればがぜんそそられてしまう。そこには海のエキスならぬ奥深い森林のエキスが詰まっており、ほんのり塩気を感じさせる風味はキノコを思わせ、ジンジャーオイルやチリといった強い味にも渡り合えるほど十分に濃厚だ。

◉マイ・キャビアを作るには

大抵の魚卵は、チョウザメの卵の場合と同様、塩漬けしてそのまま食べることができるが、舌ざわりや風味はそれぞれ大いに異なる。コイ、トラウト、サーモンのような大粒の卵は、口に入れるとねっとりと魚脂がにじみ出てくるような感じがする。一方ロブスターやカニのような小粒の卵はプチプチと歯ごたえがあるため、魚脂を感じさせない。いずれにしても魚卵は100パーセント新鮮なものでなければならない。

まず卵膜をはがす。むずかしい作業であり、早くも正念場でもある。卵の大きさによってはフォークやナイフの背を使って、梳くようにして膜をはがすといい。実際には新鮮な魚卵はわずかに弾力があってしっかりしているので、サーモンのように大きい卵であれば、卵嚢ごと目の粗いタオルに包み、両端をしっかり持って前後に転がしてもいい。そうするうちに卵膜がタオルにくっつき、やがてはがれていく。はがれたら卵をザルにあけ、水が透き通るまで洗浄する。ロブスター、カニ、ヨーロッパアカザエビなどの場合、砂を徹底的に洗い流すこと、これを忘れてはならない。

次はいよいよ塩漬けだ。マロソルの場合、100グラムの魚卵に対して2・5〜4グラムの塩を使う——手始めには頃合いの塩加減だ。大きな魚卵の場合、塩が十分に浸透するまでしばらく時間をおかなければならない。涼しくて気密性のある適切な条件下であれば、魚卵は数週間で熟成する。サーモンやトラウトの卵の場合には、塩漬けのあと24時間軽く重しをのせたり、砂糖を少量(ひとつまみ程度)加えたりしてもいいかもしれない。(ランプフィッシュ、マレット、カニ、ロブスター、ヨーロッパアカザエビなど)小粒の卵の場合には12時間もおけば十分だ。そして徹底的に水気を取って密封容器にきっちり詰める。こうして冷蔵しておけば1か月は十分にもつ。

第9章　賢明なキャビアの買い方

正真正銘のチョウザメのキャビアの価格は、チョウザメの種類、生息の環境、加工方法によって大きく異なる。だが詐欺師にかかればそうした要因はことごとくごまかされてしまう。なにしろほとんどの人はキャビアを買うという経験に乏しく、あっさりだまされるからである。キャビア業界にあって、いわゆるお買い得品は闇市場から流れてきたものと見てまず間違いない。すでに指摘されているように、認可されている以上に「本物の」天然キャビアが取り引きされているのは事実であり、少量であれば個人の荷物の中に紛れさせて合法的に持ち出せるのをいいことに荒稼ぎをしている税関職員もいないわけではない。こうしたことから判断すると、かなりの量のキャビアが日常的に密輸されていることになる。

　このようにして出回っている製品はキャビアの面汚(つらよご)しだ。ずさんな扱いを受けた非衛生的な商品だったり、極上品の名を借りた偽物だったりすることが多い。当たり前すぎる忠告ながら、信頼できる筋から買うことをお薦めする。また、キャビアのどこを見れば間違いないかを知っておくことも役に立つ。

ロンドンのキャビアの輸入業者として20年以上の経験を持つローラ・モリス・キングは、ある種類のキャビアの供給が減ると別の種類のキャビアの供給が増え、結局は両方の価格が上昇し続けていく例を何度も見てきた。また、セヴルーガの価格が1キロ350ポンドから1680ポンドに上がっていくのも見た（今ではさらに高くなっていると思われる）。彼女は、キャビアの種類、原産国、製造方法による違いを具体的に示そうと、筆者がさまざまな種類のキャビア缶を数多く徹底調査し、実際に口にし、テイスティングし、比較できるよう計らってくれた。

まずは合法性について。キャビアの輸出入はワシントン条約によって、さらには輸入する国の政府機関によって厳しく規制されている。たとえば英国ではDEFRA［環境食糧農林省］、合衆国では米国魚類野生生物局がそうした規制を行なっている。取引には1回ごとにワシントン条約によって与えられる識別番号が必要であり、加えてそれが天然のもの（w）であるか、飼育もしくは養殖によるもの（c）であるかも明示しなければならない。また、採取年、チョウザメの種類、原産国も表示しなければならない。2009年にはカスピ海産

キャビアハウス・アンド・プルニエ社の裏ラベルにはチョウザメの種類、天然・飼育／養殖の区別、原産国、採取年などワシントン条約に則った情報が記されている。

の天然キャビアの割当は一切なかった。それでも現在、闇市場ではその前年度の認可分のキャビアが売買されている。

●原産国

合法的キャビアをどこよりも多く製造しているのはイランだ。管理しているのは政府所有のシラート・トレーディング。現在のところ、ここが扱うキャビアが世界中でもっとも信頼できる天然キャビアだと見られている。それほど良質のキャビアがイランで生産される背景には何があるのか？　ローラは3つの点を指摘する。まず、浅瀬で釣り針を使って釣り上げるのではなく、カスピ海の沖3キロほどのところで網を打って捕らえる漁法が採られていること。次に、イランでは産卵準備ができる前にチョウザメを捕獲するため、油分がにじみ出たりし

ちょっとしたコレクション――色とりどりのキャビアのラベル

ていない、見栄えのよいしっかりとした卵が採取されていること。最後に、ロシアの場合と異なり、複数の個体（もちろん同じチョウザメではあるが）の卵を混ぜて1缶に詰めるのではなく、1缶に詰めるのは同一の1匹から採取された卵に限っていること。さらに付け加えれば、イランには闇市場が比較的少なく、したがってグレードの低いキャビアをつかまされる確率も低いということもある。

それでもカスピ海のロシア側の浅瀬で製造されるキャビアの熱狂的ファンは少なくない。とろけるような卵の舌ざわり、ホウ砂によるほのかな甘さ、そして広がる陶酔感と複雑な味の余韻を楽しませてくれると彼らは言うのだ（複雑な味の余韻については異なった個体からの卵が混在しているからだと反論できなくもない）。

しかしロシア以外のカスピ海沿岸諸国で合法的に生産されるキャビアも見事なものであり、とりわけアゼルバイジャンはキャビア業界で重要な地位を占めるようになってきている。中国とロシアの国境周辺地域でもキャビアは製造されていて、その多くは日本へ輸出される。

最後に、現在市場に大量に出回りつつある養殖キャビアの生産国について述べておこう。多額の資本を投下しながらもそれを利益として回収できるのは先のことだから、その生産には細心の注意が払われている。結果としてそれが価格に反映される。養殖キャビアは多くの国々で生産されていて、最近ではアメリカ、フランス、イタリアといったところが最大の生産国となっている。チョウザメは北半球原産だが、今では南半球にも養殖場が存在している。養殖キャビアに関しても、品種や調整方法によって、その扱いは異なってくる。南半球のキャビアは「ワースト」商品として闇市場から売りに出される可能性は確かに高いものの、キャビアに究極の「ベスト」は存在しない。あるのは、誰もが持っているそれぞれの好みだけだ。

●調製

生のチョウザメの卵にはわずかながら確かに石鹸に似た匂いがある。それだから塩漬けは保存のためだけでなく風味にも大いに関わってくる。品種やどこで捕獲されたかにかかわらず、キャビアにはいくつかの調製法がある。

●プレストキャビア（パユスナヤ）

昔から食通に好まれたタイプのキャビアで、特に東ヨーロッパやロシアで人気が高い。冷蔵や低温殺菌が普及するまでは、卵を腐敗させずに輸送するにはこの方法に頼るしかなかった。そのため古い記録にはこのプレストキャビアが実に多く登場する。ほんとうに濃厚なものの場合、4～6キロの粒状のキャビアが圧搾されて1キロになる。結果として強烈な魚臭さとともに塩気も強くなる。が、水分がかなり抜かれるために、キャビア本体はペースト状になって扱いやすくなる。そう、チーズのような感じだ。スライスすることも、塗って広げることも、調理することも、冷凍することとさえ可能となる。現在では多くの場合、このタイプのキャビアには砕けたものや十分に成熟していない卵が使われる。第1次世界大戦中にはフランスに派遣された英国人兵士にこの「フィッシュ・ジャム」（彼らはそう呼んだ）が配られたりもしたが、塩辛くて真っ黒のペーストはあまりありがたく思われなかった。兵士たちはなけなしの金をはたいてでもサーディン［イワシ］の缶詰を買うほうを選んだ。

●パストライズキャビア

このタイプのキャビアは19世紀末にアメリカで最初に製造され、ロシアでは20世紀初頭から生産されるようになった。このキャビアに使用される低温殺菌法は、貯蔵寿命を長くするための方策である。殺菌温度は60～63℃だが、殺菌時間は容器の大きさによって異なる。この方法によってキャビアの日もちが劇的によくなり、冷蔵しなくても1年はもつようになった（輸送コストの軽減にもつながっている）。ただし殺菌の過程で卵が固くなる場合がある。殺菌されているとはいえ、開封したら3日以内に食べるようにしたほうがいい。ガラス瓶に入ったキャビアはほとんどがこのタイプだが、覚えておいてほしいことがひとつある——ガラス越しに見るキャビアの粒は実際より大きく見えるということだ。

◉マロソル

マロソルとはロシア語で「うす塩」のことであり、大部分のキャビア通がこのタイプのキャビアを好む。このタイプのキャビアは常に缶入りで、製法はふたつある。ロシアやヨーロッパ市場向けには2・5〜4パーセントの塩と0・5パーセントのホウ砂で塩漬けされる。そしてしっかり密封されてマイナス2℃からプラス4℃の低温で貯蔵され、そのまま最長14か月熟成される。一方、ホウ砂の使用が禁じられているアメリカ向けのマロソルはもう少し塩気が強い。ホウ砂を使えない分、塩を多めに（3〜8パーセント）使って保存しなければならなくなるからだ。イラン産のキャビアは混じりけのない塩以外のものは一切使わずに作られている。また日本に輸出されるキャビアも塩だけでホウ砂を使わずに作られている。

◉ソルテッドキャビア

このタイプのキャビアは塩気が強く、6〜15パーセントの塩が使用されている。その他の点はマロソルと変わらない。

◉キャビアの熟成度

昔のキャビアは1・8キロ入りの卸売缶に詰めて幅広のゴムベルトで封をされた。そうしておけば、膨らんだり呼吸したりして卵が成熟していくからだった。天然キャビアのほとんどは3～4か月熟成されてから販売される。一方、養殖キャビアは熟成度も風味の強さもさまざまとなっており、多様化する好みと市場に抜かりなく対応している。プルニエ社は塩漬け後24時間のキャビアを提供し、カヴィアル・ド・アキテーヌ社のような企業は2週間から1年に至るまでさまざまな熟成度のキャビアをそろえている。筆者は試しにカヴィアル・ド・アキテーヌ社製の熟成期間3週間の「プリムル」キャビアと、熟成期間6か月の「ヴィンテージ」キャビアを食べ比べてみた。個人的には「ヴィンテージ」の豊潤な味わいがいいと思ったが、「プリムル」のあまり熟成されていない繊細な味わいのほうがよいという意見もある。

◉キャビアの体裁

キャビアはガラス瓶か缶に入れて販売される。その際には完全密封の状態でなければならない。またそつのない一部の製造者は――タイプの異なるキャビアの味が比較されるように

3種類のキャビアの味比べ——カスピア社の「トリロジー」

と——仕切りのついた缶を使用している。キャビア・カスピア社には「トリロジー」という名前の3種類の味比べができる缶があり、ペトロシアンは「カヴィアル・デュ・モンド〔「世界のキャビア」の意〕」セットなるものを販売している。

必ずしも味が損なわれるわけではないが、缶や瓶の底にかなりの油分がたまっていれば、中で多くの卵が砕けていると思われる。ただし瓶の中には卵が動ける程度の油分は必要であり、もし油分がまったくなければ、卵は古くなって干からびてしまいかねない。

当然ながら、瓶の場合でも缶の場合でも、蓋を開けたらキャビアがびっしり詰まっていなければならない。チョウザメの種類や塩の加減に関係なく、質のよいキャビアであれば、丸い粒がひとつひとつばらばらにできる程度にしっかりしていて（固いという意味ではない）、べとべとしない程度に油分に包まれているはずである。

また香りについては、潮風がそっと心地よく吹き抜けたような感覚をおぼえるくらいで、これと言った匂いはしないはずだ。生臭い魚の臭いがしたり、アンモニア臭あるいは刺激臭が感じられたりしたら、そのキャビアは腐敗していると考えていい。塩分が白く粒状になって現れていたら、おそらくそのキャビアは干からびている。卵膜の一部がついていたり血液が混じっていたりしたら調製の仕方がよくなかったと考えられ、そのキャビアは闇市場から流れてきたものである可能性さえある。いずれにしても、こうした場合には販売者に返品することだ。

●キャビアの種類

ご存じのように、天然キャビアの分類には青（ベルーガ）、黄色（オシェトラ）、赤（セヴルーガ）といった伝統的な色のルールがある。一方で養殖キャビアの生産者の中にはさまざまな色の独自の缶を使っている業者も少なくない。というのも彼らは多くの場合、チョウザメの種類より調製法、熟成度の違いに特に力点を置いてキャビアを提供しているからである。

一般的には「プレミアム」、「ヘリテッジ」、「クラシック」、「グランシェフ」、「トラディション」

もっともよく知られた3種類のキャビア——ペトロシアン社の製品ラインアップから。後方左がセヴルーガ、後方右はベルーガ、手前はオシェトラ。

といったような名がつけられる。チョウザメの種類ごとの主な名は以下のとおりだ。

ベルーガ（学名 *Huso huso*）［オオチョウザメ］

ラベルの色は常に青である。卵は白っぽいものから暗灰色、油分も灰色だ。卵は大きくて白っぽいものであればあるほど、価値は高い。味は繊細で神秘的、わずかに柑橘系の香りが感じられる。口どけはクリーミーで、潮の風味が心地よくあとを引く。ベルーガはチョウザメの中でもっとも大型であり、寿命ももっとも長く、卵もいちばん大粒だ。稀少種である分、最高の値段が付くが、漁獲割当枠があるために買えなくなることも多い。本書執筆の時点で生産努力を続けている孵化場もあるにはあるもののべルーガの養殖キャビアが提供されている事実はない。

オシェトラ（学名 *Acipenser persicus, A. gueldenstaedtii, A. sturio, A. schrenckii, and A. baerii*）［ペルシアチョウザメ、ロシアチョウザメ、ヨーロッパチョウザメ、アムールチョウザメ、シベリアチョウザメ］

ペルシアチョウザメ、ロシアチョウザメ、ヨーロッパチョウザメ、アムールチョウザメ、シベリアチョウザメの卵はすべて——とはいえ厳密にはペルシアチョウザメとロシアチョウザメに特化されるべきではあるが——黄色いラベルのオシェトラキャビアとなる。卵は褐色を帯びていて中粒、油分も茶色っぽい。味は熟成度によって異なるが、クルミあるいはヘイゼルナッツのような味、サンネクテール・チーズ［フランス産のセミハードタイプのチーズ、牛乳を原料としている］のような味、いや、熟成したブリーチーズ［フランス産の白色でやわらかいチーズ］の切れ端のようだ、さらには「デヴォン［イングランド南西部の州］の苔むした岸辺を思わせる」に至るまで、さまざまに評される。シェフによって幅広く活用されているのもこのオシェトラだ。シベリアチョウザメは野生もいるが、一般的にはもっとも多く養殖されている種のひとつである。

パシフィックチョウザメまたはシロチョウザメ（学名 *Acipenser transmontanus*）

北米で野生保護されている種であり、北米やイタリアではその養殖が行なわれている。オシェトラの名で販売されることも多い。卵はオシェトラとほぼ同じサイズ、色は緑色がかった灰色だ。味は複雑で、太古の深海の味を思わせたり、クリーミーで洗練され続けてきた芳香性のカキの風味を連想させたりする。

イタリアンチョウザメ（学名 *Acipenser naccarii*）［アドリアティックスタージョン］

イタリアの固有種だが、野生のものはほぼ絶滅している。現在生息しているのはシベリアチョウザメとの交配種である。イタリア、スペインで養殖されてオシェトラの名で販売されている。

セヴルーガ（学名 *Acipenser stellatus*）［ホシチョウザメ］

赤いラベルのキャビアである。ホシチョウザメは小型種で、他の種より成長が速い。卵の色は黒っぽいというよりほぼ黒で、つぶれると灰色の油分が出る。粒はもっとも小さいが、食通好みと見なされることが多く、ディーラーにも好まれる。トーストの香りが加わると弾けるような潮の風味を感じさせ、この強い風味のおかげでカナッペ［薄く切ったパン、トースト、クラッカーなどにチーズやキャビア、アンチョビーなどをのせた前菜」にぴったりの具材となる。

その他

スターレット（*Acipenser ruthenus*）［コチョウザメ］、チャイニーズチョウザメ（*Acipenser sinensis*）［カラチョウザメ］、カルーガ（*Huso dauricus*）［カルーガスタージョン］、スターレットとセヴルーガの雑種のシップ（*Acipenser nudiventri*）［シップスタージョン］はいずれもキャビアのために捕獲されるチョウザメであり、その卵はオシェトラの名で販売されていることもある。カルーガのキャビアは往々にしてかなり塩辛い。スターレットは淡水種であり、ほかのチョウザメと交配されれば多種多様のキャビアが作られるようになるだろう。だが野生のチョウザメの卵に関しては、母体外でのその生存力など議論すべきことがまだまだ残されている。目下のところ、研究はそうした交配によって何がどうなってしまうのか、さまざまな可能性を検討しているところである。

◉ホワイトキャビアとゴールデンキャビア

どちらもきわめてまれなキャビアで、片やアルビノのチョウザメから、片や60年以上生息

純金製の缶に詰まったキャビアハウス社のアルマース――もっとも高価なキャビア。

しているチョウザメから採取された卵である。「アルマース［ロシア語でダイヤモンドの意］」あるいは「インペリアル［最高権威用の極上品］」などと呼ばれることもあるように、かつては国家元首やツァーリ、法王やシャーのためのものだった。実際、イランでは不法にこのキャビアを所有すれば右手を切り落とされたという。ホワイトキャビアには非常に繊細な風味があり、何十年と生きているチョウザメから採取されたゴールデンキャビアにはとろけるようなクリーミーな味わいがある。２００８年には80年以上生息しているチョウザメから採卵されたアルマースをキャビアハウス社が入手した。同社はその極上品を、金のスプーン付きの純金の缶に入れ、予約待ちリストに記された顧客に販売した（販売価格は公表されなかった）。

ラトヴィアのモトラ社の養殖場にはアルビノのスターレットとゴールデンキャビアを作り出すためのオシェ

トラが数匹いる。殺さずに採卵する同社の技術によって、こうした貴重な味も将来的には多少は手頃な価格となるのかもしれない。

●ハイブリッドキャビア

チョウザメ養殖の技術が進歩するにつれ、ハイブリッド［異属間の交配］のチョウザメからキャビアを作る実験に乗り出す国が現れだした（どこより多く実験を行なっているのが中国である）。しかしそうした試みは同時に、ハイブリッドキャビアはワシントン条約に認可されていないという問題を浮かび上がらせもした。そのため現時点ではこの種のキャビアは西欧諸国の市場ではほとんど販売されていない（それでも将来的には脚光を浴びるのかもしれない）。

第10章 ◉ キャビアの楽しみ方

キャビアは口の中で弾けるとよく評されるから、初めて口にした人は「あれ？」と思うかもしれない。実のところ、弾けるなどと威勢のいい表現が使えるのはサーモンやトラウトのキャビアについてだけだからだ。むしろ――チョウザメのキャビアからはうっとりとするような油分がそっとにじみ出る。チョウザメの卵がやさしく舌に触れたその瞬間、口の中は感動でいっぱいになる。高級食材とされる食品のほとんどがそうであるように、キャビアもまた、敬愛の念といくらかの神秘的な気分をもたらす。キャビアを口にしたときの感覚を書き記そうとする熱狂的キャビア・ファンは――湧き上がる感覚を完璧に言い表せる言葉など存在しないように――大抵の場合、大仰な感想を夢見心地で連ねることに終始する。

そう、完全な状態にあるキャビアは、単にひとつの味がするのではなく、それ以上のもの、つまり甘味、酸味、苦味、塩味が渾然一体となっているものなのだ。しかもそれはうまみ――食品が完全に熟成しているとき、完全な調製状態にあるとき、あるいは何か別のものと完全にマッチしているときに生じる深い味わい、言うなれば5番目の味覚をも超えているのである。

キャビアを食べるということは、わくわくする気持ち、その場の雰囲気、見た目の美しさ、温かみと冷たさのコントラスト、うっとりするような潮の香り、そしてバターのような舌ざわりといったものが精妙に融合する感覚を経験することであり、一回でもこの感覚を知ってしまうやいなや、もっと食べたい、今の経験をもう一度、いや、何度でも味わいたいという欲望に見舞われることになる。

◉キャビアの提供の仕方

キャビアを取り分けたり食べたりするためのスプーンとしては、容易に化学反応を起こさない素材から作られたもの、つまり真珠層［アコヤガイなどの内層に見られる］、ガラス、純金、（水牛などの）角、木、あるいはプラスチックなどでできたものが望ましい。間違っても銀、スティール、ブロンズといった反応性が高い金属でできたスプーンを使ってはいけない（キャビアを傷めてしまう）。キャビアは凍らない程度のチルド状態に保ったまま、缶ごとあるいは瓶ごと氷に浸して提供しなければならない。そして缶であれ瓶であれ、食べる直前に開けることが大切だ。

ほとんどの食品がそうであるように、キャビアも温まると風味や香りが強くなる。皿からスプーンですくって食べるのを好む人もいるが、あくまで感覚にこだわる人たちは手の甲（の親指に近い部分）にのせて舐めるように口に運ぶ。プロのバイヤーも多くがこの食べ方で品定めを行なう。ひとり分30グラム（試食なら2〜4人分にあたる）もあれば十分だ。とはいえ50グラムは食べたいとおっしゃる向きも少なくない。一旦封を切ったら、キャビアは冷蔵庫に入れても3日しかもたない。

キャビアと一緒に何を食べるかについては、どれくらいの量のキャビアが手元にあるのか、そしてどれほどキャビアに慣れているのかによってちがってくる。繊細で多彩な風味を楽しむには、まずは何もしないでそのまま味わうのがいい。そしてその風味がわかってきたら、他の食品と一緒に食べてキャビアの味わいを完全にすることを試みるのである。

そのような食品として典型的なのはブリニやスメタナ（塩気を「まろやかにする」と言われるサワークリーム）、ロシア人ならたっぷりのバターといったところだ。何かを一緒に食べるという人もいれば何も食べないという人もいて、意見は二分される。食べる場合、固ゆで卵と生のオニオンをどちらもみじん切りにして混ぜ合わせたものを一緒に食べることを勧

伝統スタイルの盛り付け（ペトロシアン社）

める人もいる（東欧の人ならここに野菜のピクルスをきざみ入れるところだ）。これではキャビアの味が損なわれてしまうという意見もあるが、量が多くなければ、生オニオンというピリッとした刺激が加わって味わいにちょっと面白い変化が起きるのも事実だ。固ゆで卵の白い部分をみじん切りしたものは――キャビアハウス・アンド・プルニエでも出されているが――キャビアをのせる下敷きとしては可もなく不可もない。英国人の著名なシェフ、ヘストン・ブルメンタールはホワイトチョコレート風味の丸くて薄いウエハースを下敷きに使ってキャビアを提供している。

メインディッシュにほんの少量使った

今どきの盛り付け——ウォッカとスプーン1杯のキャビア（キャビアハウス・アンド・プルニエ社）

り飾りとして添えたりするのは、すでに飽きるほどキャビアを食べ、今まで食べたことのない別の味わい方を求めてやまないような人々には、高価でとっておきであるべきキャビアの無駄づかいと見なされがちだ。多くの場合、飾りとして使うなら代用キャビアで十分である。また、キャビアは調理されると固くなるから、そっと温めるくらいでそれ以上のことをしてはいけない（プレストキャビアだけはこのかぎりではない）。調理したり飾りに使ったり、メインディッシュの上に散らせたりするときこそ代用品の出番である。燻製ニシンのキャビアはこうした用途に適していて、シェフも幅広く活用している。

そうは言っても、考えに考えて使えば、調理した少量のキャビアから思いもかけない結果が生じることもある。たとえ手元のキャビアの量が限られていても、間違いなくおいしい組み合わせというものはあるのだから、ソースやら何やらを使って無理に嵩を増やすよりは、その少量を味わうほうがいい。たとえばシーフード・カスタード［アサリなどを茶碗蒸し風に使った料理］、バター入りスクランブルエッグ、温かめのカキのクリーム煮などはそういった場合の定番である。生のカキはキャビアの味を圧倒するが、サーモン、ロブスター、ホタテガイやカニといった魚介類は、細かい賽の目切りやみじん切りにしたり薄くスライスしたりすれば、生であってもわずかに甘味があって、生のキャビアにも調理したキャビアにもよく合うものだ。

カヴィアル・ド・アキテーヌ社を見学したあと、筆者はかの地のふたつの特産品を組み合わせてみることを思いつき、究極の魚介類と肉類の組み合わせ（サーフ・アンド・ターフ）を発見した。やわらかいフォアグラをスライスし、その上にキャビアをのせるのである。まさに至福のカップリングだ。

サフォーク［イングランド東部の州］、ウォルバースウィックにあるアンカー・インのソフィー・ドーバーはまた別のすばらしいカップリングを教えてくれた。エルサレムアーティチョーク（キクイモ）のピューレ［野菜や果物を煮て裏ごしするかミキサーにかけて作る］とキャビアの組み合わせだ。恥ずかしながら、筆者はこの組み合わせで、朝食にひと缶のほぼ半分のキャビアを平らげてしまった。煮くずれしないサラダ用の新ジャガイモか、あるいは焼くかローストするかした半割りのジャガイモの上にサワークリームと十分熟成したキャビアを混ぜたものをのせる——これはキャビア製造業者の多くも好む食べ方である。ほかにはパースニップ（サトウニンジン）、アボカド、ビーツ、カリフラワーなども、素朴な口当たりでキャビアの塩辛さを相殺し、独特のコントラストを演出してくれる。

◉キャビアに合う飲み物

小気味よく発泡するシャンパンは、溶けていくキャビアの粒に共鳴するかのようだ。シャンパンは、伝統的にキャビアと相性がいいとされてきたもう一方の飲み物ウォッカよりアルコール度が低く、こちらのほうがキャビアに合うと感じる人も少なくない。通は大抵ブリュット［もっとも辛口のシャンパン］を好むが、ロシアではワインもシャンパンも甘口が好まれる。シャンパンは氷の入ったシャンパンクーラーに入れて、ワインは氷水の入ったワインクーラーでおいしく冷やして提供しなければならない。シャブリ、ソアーヴェ、フラスカーティなどのように、オーク熟成ではない辛口の白ワインもキャビアに合う。ドイツ・ワインの愛飲家には年代物のリースリングがお薦めだ（わくわくさせるほどキャビアの風味を際立たせてくれる）。

一方、癖のないウォッカは、とりわけ複数のキャビアを試すときには口の中をすすぐ役割を果たす。極上のウォッカはまったく風味がないわけではなく、口の中の温度によって、か

冷凍庫から取り出された最高級ウォッカ。そしてキャビア、ブリニ、サワークリーム（キャビアハウス・アンド・プルニエ社）。

すかではあるがはっきりと感じられる風味が現れる。スパイスやレモン、バイソングラス［イネ科の多年草植物］あるいは野生の香草で風味づけをして、まさにツンドラの大地を貫く一陣の風といった趣を添える人もいるが、強い香りはキャビアの風味を損ないかねない。ウォッカは、デンプンであればどのような植物からでも造ることが可能だ。しかしもともと秋蒔き小麦から作られていたため、今でも大部分のウォッカは穀物から作られる。ジャガイモは新世界から入ってきてのちに原料となっただけで、現在ではかつてほどは利用されていない。とはいえ本書を執筆している時点では、ジャガイモ生産業から起業したティレルス社がジャガイモのウォッカを製造している。

ウォッカの良し悪しは原材料の質と蒸留回数によって決まる。たとえばポーランドのあるウォッカは、究極の純粋さを求めて6回蒸留される。ウォッカは通常、徹底的に冷たくして提供する。アルコール度が高く凍ることがないので、冷凍庫から直接取り出すことさえある。しかし室温で飲んでもなかなか面白い味わいがあり、何が何でも冷たくしなければならないというわけではない。

キャラウェーで香りづけされるキュンメル［バルト海東岸地方名産のリキュール］も19世紀にはキャビアと一緒によく提供された。シャンパンと氷のように冷たいウォッカがキャビアに合う飲み物のトップ・ツーではあるだろうが、18世紀のエカテリーナ2世がキャビアを味わうために飲んだのは、ポーター［焦がした麦芽を使った黒ビール］だった。そのエカテリーナ2世のためにだけに、ロンドンのスレール醸造は深みのある暗褐色のかなり強いビール——アルコール度9〜10パーセントのロシアン・インペリアル・スタウトを製造した。現在では地ビール生産者の多くが強めのポーターを製造していて、これをワインのようにすすると、面白いことにキャビアの味が引き立つ。シトラス［柑橘系］かコリアンダー［セリ系］の風味のついたホワイト（ブロンド）ビールも口の中をすっきりさせてくれる。

謝辞

私のために多くの時間を割いてくださったキャビア業界の関係者に深くお礼申し上げる。以下の方々とはほんとうに楽しくお話しさせていただいた。アルメン・ペトロシアンのキャビアについての博学ぶりには大いに鼓舞された。彼の情熱には限界というものがないようだ。ローラ・モリス・キングにはキャビア輸入業界について余すところなく説明していただいたばかりか、納得できるまで試食して比較すべきと強力に後押ししていただいた。アランとアナベルのジョーンズ夫妻には、アキテーヌにある見事なチョウザメ養殖場とそこで行なわれているキャビア生産について、あらゆる角度から丸一日がかりで説明していただいた。キャビアハウス・アンド・プルニエ社からは親切にも社史についての情報、キャビアそして写真を提供していただいた。イェンス・ミュラーからは海藻をめぐる偶然の発見物語を楽しく拝聴した。ドミニク・ピエールにはカタツムリのキャビアというまさにゆるく歩み続ける世界を案内していただいた。クリスチャン・ツター‐グラウアーホルツにはディークマン・アンド・ハンセン社の歴史を教えていただいた。タニヤ・ホテンコ、ソフィー・ドーバー、インガ・サフロン、ペーター・ストルフェネガー、セルゲイ・レヴィアキン、ラモン・マクロホン、ペンズグローヴ歴史協会、ドルドーニュと古きベルジュラックの愛好会、キャビア・エンプターのジュリア・ロバートソン、そしてプロジェクト・グーテンベルク、こうした方々、各団体組織には歴史情報やら個人的な体験談やらを頂戴した。マエストロ・マルティーノ、バルトロメオ・スカッピといった名シェフの文献を翻訳していただいたジリアン・ライリーにも深く感謝する。

そしてカヴィアル・ド・アキテーヌ社、キャビアハウス・アンド・プルニエ社、キャビア・カスピア、キャビ-アート、ド・イェーガー・カビアル・ド・エスカルゴ農場、フォーマン・アンド・フィールド社、インヴェロー・スモークハウス、キングズ・ファイン・フーズ社、ランド・アンド・シー（オヌーガ・アンド・アヴルーガ）、モトラ・キャビア、ペトロシアン社、ストルト・ファームズ、ストゥーリア、ツァーリ・ニコライといった諸社、諸ブランドにはこの何年かそれぞれの製品を試食して調整・加工の方法による違いやチョウザメの種類による違いを見極めるという特別の恩恵を与えていただいてきた。心からお礼申しあげる。

訳者あとがき

本書『キャビアの歴史 *Caviar: A Global History*』はイギリスの Reaktion Books が刊行している The Edible Series の一冊であり、同シリーズは２０１０年に料理とワインに関する良書を選定するアンドレ・シモン賞の特別賞を受賞している。

著者ニコラ・フレッチャー氏は食物史および料理に関する書籍をすでに6冊出版し、２００８年にはグルマン世界料理本大賞ベスト・シングルサブジェクト賞を受賞している。食材、調理法、費用、食する人などを限定した料理本部門での受賞のようだ。

本書の主役は間違いなく食材としてのキャビアだが、第1章はその「生みの親」であるチョウザメの話から始まる。この部分だけで、訳者など、どこの水族館に行けばチョウザメを見ることができるかを調べ、訪れる予定を立てたほどだ。何枚かの図版を目の当たりにして、姿かたちも生態もユニークな「古代魚」チョウザメにそれほど深く興味を引かれたのである。

そのように貴重な古代の生き証人（魚？）が乱獲、近代化による環境の劣悪化、さらには飽くことのない人間の欲望によって、今では絶滅の危機に瀕し、結果としてキャビアの将来にも、キャビアという食文化にも危険信号が灯っている――この現実に対して、著者フレッチャー氏は予想される未来を変え、キャビアもその食文化も持続できるようにするために、われわれに何ができるだろうかと問いかけながら、旺盛な研究心と好奇心を持って、ロシア、西アジア、中東、ヨーロッパ、北米をめぐる。そしてそれぞれの地域でのチョウザメとキャビアの過去と現在を検証し、その未来を展望していく。

とはいえ、実のところ、著者の中では結論はすでに出ている。早々に記されているように、われわれにその気さえあれば――具体的にはチョウザメを養殖することで――持続可能なキャビアの未来を実現させることができるという結論だ。

一方で、著者の視界には厳しい現実も、未来への厳しい道のりもしっかりと入っている。関係する国々、地域にはそれぞれの事情があり、さらに21世紀ならではと思われる問題――環境、フードマイル、健康、動物愛護といった観点からの問題が浮上していることも忘れられてはいない。考慮されるべきことは実に多い。著者も認めるように、もはや「食する・食べる」ということを単純に楽しめる時代ではないのかもしれないし、本物志向が強くなるあまり、代用品は代用品にすぎないといった声もあとを絶たないかもしれない。それでも著者は「……ワインもチーズも、天然の産物ではない。が、さまざまな品種、さまざまな原料から造り手は魔法にも似たテクニックを駆使し、あれほど豊かな味わいを提供してわれわれ消費者を楽しませてくれているではないか……」と言い切る。

明快な見解と潔いその姿勢に、訳者としては拍手を送り、五感のうち味覚で認識できる文化として、キャビアとその味が失われることのないように、そして世界規模の努力が積み上げられるようにと願わずにはいられない。

最後になるが、本書の訳出のためにお知恵を拝借した多くの方々に感謝する。そして原書房編集部の中村剛氏、最初から最後まで何かとサポートしてくださったオフィス・スズキの鈴木由紀子氏に心よりお礼を申し上げる。

大久保庸子

2017年8月

写真ならびに図版への謝辞

図版の提供と掲載を許可してくれた関係者にお礼を申し上げる。

Andrey Logvin: p. 58; Callum Roberts Collection: p. 101; Caviar Emptor: pp. 106, 111, 119, 129, 131; Caviar House & Prunier: pp. 6, 25, 86上, 86下, 159, 165, 168; De Jaeger Caviar D'Escargot: p. 140; Dieckmann & Hansen: pp. 15, 78, 89, 91, 103; 'Eskimo Jo': p. 95; J. Guichard: p. 18; Jean Lupu Collection, Paris: p. 72; Jens Møller Caviart®: p. 139; John Fletcher: p. 126; Kaspia Caviar: pp. 81, 153; Nichola Fletcher: pp. 45, 135, 136, 146; Petrossian, Paris: pp. 80, 83, 155, 164; Roger-Viollet/Rex Features: pp. 43, 76; Sergey Jakovsky: pp. 26, 147; Sipa Press/Rex Features: p. 65.

Ramade, Frédéric, *The World of Caviar* (Edison, NJ, and Paris, 1999).
Rebiez, Peter G., *When Passion for Caviar Becomes an Art* (Boudry, 2006).
Roberts, Callum, *The Unnatural History of the Sea: The Past and Future of Humanity and Fishing* (London, 2007).
Saffron, Inga, *Caviar: The Strange History and Uncertain Future of the World's Most Coveted Delicacy* (New York, 2002).
Tabari, Kevyan, 'Caviar, its Allure, Provenance, and Destiny', *Cultural Savvy*, 2005 at http://www.culturalsavvy.com/Caviar.htm (accessed 24 February 2009).
Visser, Margaret, The Way We Are (London, 1995).
Wharton, James, *The Bounty of the Chesapeake: Fishing in ColonialVirginia* (Williamsburg, VA, 1957).

参考文献

Bennett, Vanora, *The Taste of Dreams: An Obsession with Russia and Caviar* (London, 2003).

Boeckmann, S. and N. Rebeiz-Neilsen, *Caviar: The Definitive Guide* (London, 1999).

Buckland, Francis Trevelyan, *Natural History of British Fishes, etc.* (London, 1881).

Carey, Richard Adams, *The Philosopher Fish: Sturgeon, Caviar and the Geography of Desire* (New York, 2005).

CITES, Export quotas for specimens of *Acipenseriformes* species included in Appendix II from 1 March 2008 to 28 February 2009, available at www.cites.org/common/quotas/2008/Sturgeon_quotas2008.pdf (accessed 25 February 2009).

Davidson, Alan, *North Atlantic Seafood* (London, 1979).

DeSalle, Rob, and Birstein, Vadim, 'PCR identification of Black Caviar', *Nature*, 381 (May 1996), pp. 197-8.

Donovan, Edward, *The Natural History of British Fishes* (London,1802).

Dumas, Alexandre, *Le Grand Dictionnaire de cuisine* [1873], trans. Alan Davidson and Jane Davidson (Oxford, 1978) [アレクサンドル・デュマ『デュマの大料理事典』辻静雄・林田遼右・坂東三郎訳，岩波書店，1993年].

Goldstein, Darra, 'Caviar Dreams', *Saveur*, 24, January/February 1998 at www.saveur.com/article.jsp?ID=15463&typeID=100 (accessed 25 February 2009).

—, 'Gastronomic reforms under Peter the Great', *Jahrbücher für Geschichte Osteuropas*, 4 April 2000 at www.darragoldstein.com/reforms.html (accessed 24 February 2009).

Gronow, *Jukka, Caviar with Champagne: Common Luxury and the Ideals of the Good Life in Stalin's Russia* (Oxford, 2003).

Haxthausen, Baron August von, *Studies on the Interior of Russia* (Germany, 1847).

Maestro Martino, *Libro de Arte Coquinaria* [c. 1465], trans. Gillian Riley (Oakland, CA, 2005).

Montanari, Massimo, *The Culture of Food* (London,1996).

Olearius, Adam, *The Travels of Olearius in Seventeenth Century Russia* [1647], trans. S. Baron (Stanford, CA, 1967).

Prunier, Madame, *La Maison: The History of Prunier's* (London, 1957).

Acipenser ruthenus *	コチョウザメ	カスピ海，ロシア北部の河川
Acipenser schrenckii *	アムールチョウザメ	オホーツク海，アムール川
Acipenser sinensis *	カラチョウザメ	日本南部，中国，揚子江
Acipenser stellatus *	ホシチョウザメ	カスピ海，黒海
Acipenser sturio *	ヨーロッパチョウザメ	ヨーロッパの大西洋沿岸・河川
Acipenser transmontanus *	パシフィックチョウザメ／シロチョウザメ	北米西海岸
Huso dauricus *	カルーガスタージョン	中国，ロシア，アムール川
Huso huso *	オオチョウザメ／ベルーガスタージョン	カスピ海，黒海，アドリア海，その支流
Polydon spathula *	ヘラチョウザメ	合衆国ミシシッピ川・ミズリー川流域
Scaphirhynchus albus	パリッドスタージョン	合衆国ミシシッピ川・ミズリー川流域
Scaphirhynchus platorynchus	ショベルノーズスタージョン	合衆国ミシシッピ川流域
Scaphirhynchus suttkusi	アラバマチョウザメ	合衆国ミシシッピ川・ミズリー川流域

チョウザメの分類

チョウザメはすべてチョウザメ目に分類される。チョウザメ目はさらにチョウザメ科とヘラチョウザメ科に分類されるが，チョウザメ科はさらに3つの属（チョウザメ属，ショノーズスタージョン属，プセウドスカフィリンクス属）に分類される。しかしダウリアチョウザメ属もきわめて近い種にあたるため，チョウザメ科に含まれる。キャビアに使われるチョウザメには*を付した。

学名	和名	生息地（海／河川）
Acipenser baerii *	シベリアチョウザメ	ロシア北部の河川
Acipenser brevirostrum	ウミチョウザメ	北米東海岸
Acipenser fulvescens	イケチョウザメ	五大湖，北米の河川
Acipenser gueldenstaedtii *	ロシアチョウザメ	カスピ海，黒海，アゾフ海，その支流
Acipenser medirostris	チョウザメ	合衆国太平洋沿岸
Acipenser mikadoi	ミカドチョウザメ	シベリア，大西洋沿岸
Acipenser naccarii	アドリアティックスタージョン	アドリア海，イタリアの河川
Acipenser nudiventris	シップスタージョン	黒海，アゾフ海
Acipenser oxyrinchus desotoi	ガルフスタージョン	北米東海岸
Acipesner oxyrinchus oxyrinchus	アトランティックスタージョン	北米東海岸
Acipenser persicus *	ペルシアチョウザメ	カスピ海

レシピ集

キャビアのような特別の材料が使われているときには，料理を見映えよく仕上げることが何より大切だ。レシピは特に指定しないかぎり，すべて前菜ふたり分である。またキャビアはすべて持続可能な供給源から得られたものとする。

◉チョウザメの卵の既製のキャビア

マエストロ・マルティーノのメモ（1465年頃）から。彼はプレストキャビアを使っている。

1. パンをスライスして軽くトーストする。
2. キャビアを（パンと）同じ大きさにスライスする。ただし厚みはパンより薄くする。
3. キャビアをパンにのせ，ナイフの先かフォークに刺して火にかざす。キャビアの色が少し変わって固くなったら，クラストパイに似たものが出来上がる。

（別の作り方）
1. キャビアをよく湯洗いして塩気を抜く。
2. 細かくきざんだ香草，白いパン粉，からっと揚がったフライドオニオン（少量），コショウ（少量）をキャビアと混ぜ合わせ，グラス1杯の水を注いでしっとりさせる。
3. 鶏卵でフリッタータ［イタリア風オムレツ］を作る要領で2を焼く。

◉生で食べる／保存する

ルネサンス期のイタリア人シェフ，クリストフォロ・ディ・メッシスブーゴのメモ（1549年）から。

1. チョウザメの卵（黒いものが最良）を用意して，ナイフの刀身を使ってテーブルの上に広げる。
2. 膜が薄そうな卵を取り除いて残りの重さを量る。
3. 卵約10キロにつき塩300グラムを，つまり卵約500グラムあたり15グラム程度の塩（3パーセントの塩）を加える。

◉ブリニとキャビア——典型的ごちそう

ウォッカかシャンパンくらいは一緒に味わうとしても，まったく何の手も加えずにキャビアを食べる場合を除けば，どのタイプのキャビアもブリニ［ロシア風パンケーキ。作り方は後述する］と一緒に（あるいはブリニにのせて）食べるというのが伝統的食べ方だ。サワークリームはキャビアの塩分を「まろやかにする」とされているが，熱いブリニの上で溶けるバターと一緒に食べるのを好むロシア人もいる。燻製ニシンでできた安価な代用品を使う場合でも，標準サイズのクレープにサワークリームをたっ

ぷり塗ってふんだんに「魚卵」を巻き込めばおいしい前菜となる。

(ひとり分の材料)
キャビア…少なくとも25*g*
温かいブリニ…8～10枚
サワークリーム（スメタナ）またはクレームフレーシュ［サワークリームの一種］または…50*ml*（またはやわらかくした無塩バター…50*g*）
好みで細かく賽の目切りにした生オニオン…大さじ½

1. 熱いブリニの上にサワークリームまたはバターをたっぷり広げる。
2. 好みでオニオンを散らしてキャビアを山盛り一杯のせる。すぐに食べる。

[ブリニについて]
シェフによっては重曹を使って生地を作るが，本来はイーストを使う。その日のうちなら温め直しもできる。とはいえすぐに使わない分は，冷めたらただちに冷凍保存するのが望ましい。

(40～50枚分)
ソバ粉…100*g*
ふくらし粉を含まない（汎用）小麦粉…100*g*
インスタント・ドライイースト…6*g*
砂糖，塩…それぞれひとつまみ
鶏卵…3個（卵黄と卵白に分ける）
ミルク…300*ml*
サワークリーム…150*ml*
調理用バター（バターを溶かして上澄みだけを取り，乳固形分を除去した澄ましバターが望ましい）

1. 小麦粉，イースト，塩を混ぜ合わせる。
2. 卵黄，ミルク，サワークリームをかき混ぜ，手早く1と混ぜ合わせてクリーム状のなめらかな生地を作る。
3. 生地の入ったボウルに蓋をして2時間ほど暖かい場所でねかせる。
4. 生地が膨らみ，真珠粒ほどの気泡が表面に無数に現れてきたら，卵白をやわらかなツノが立つまで泡立て，やさしく折り込むように生地に混ぜ入れる。
5. レンジ用の鉄板か乾いたフライパンにバターを引いて熱する。
6. 生地をレードルですくって小さな円形に並べ，ぷつぷつと小さな泡が現れ，表面のほぼ全体に火が通ったら，ひっくり返してもう1分焼いて裏側にも焼き色をつける。すぐにテーブルに出す。

……………………………………

◉キャビア・ココット
この一品で筆者は初めてキャビアの味の本質を体感した。サフォーク州ウォルバースウィックにあるアンカー・インのソフィー・ドーバーの料理にヒントを得ている。

生のアーティチョークの芯*…175*g*
サワークリーム…大さじ1
キャビア…50g
*アーティチョークが入手できなければ，

エルサレムアーティチョーク（キクイモ），パースニップ（サトウニンジン），カリフラワーなどで十分代用できる。

1. アーティチョークはやわらかくなるまで10～15分煮て水気を切る。キクイモを使う場合には皮をむく。
2. アーティチョークあるいはその代用の野菜をつぶし，ザルを使って裏ごしして繊維を取り除く。
3. サワークリームの中で2をかき混ぜ，なめらかでクリーミーなピューレを作る。キャビアに塩分があるので，ピューレの味付けは控えめにする。
4. ココット皿かラムカン皿［耐熱小型容器］に3を入れ，その上にキャビアの層を作る（必要なら，硫酸紙で皿の縁を囲って形が崩れるのを防ぐ）。一見スフレのように仕上がる。

……………………………………

◉ペリゴール産海の幸・山の幸（魚介類と肉類の組み合わせ）

この一品によって筆者はキャビアの味の本質を再認識した。ストゥーリアを提供するアキテーヌ社を見学してのちのことである。

フォアグラ（丸ごとを加工・調理したもの）…100g
キャビア…50g

パテのフォアグラは――風味づけされている上に質感も異なるので――使用しない。丸ごとを加工・調理したアンティエはすばらしくクリーミーだが，キャビアのしっとり感に影響するざらつきがあり，ベストは軽く火を通したミキュイである。それも檻の中で強制飼養（ガヴァージュ）されたものではなく，伝統的職人技のもと，平飼いされたガチョウやアヒルから作られたものがよい。理想を言えば，ガチョウ（フォアグラ・ドワ）だが，きちんと飼育されていればアヒル（フォアグラ・ド・カナール）で十分だ。

キャビアはできるかぎりいいものを手に入れること。よく切れるナイフを温め，フォアグラを6ミリの厚さにスライスする（ペストリー生地用のナイフを使うときれいに切れる）。スライスの上に手際よく，しかし美しくキャビアをのせて一枚一枚重ねて層を作っていく。

……………………………………

◉畑の恵み・海の恵み（イモと魚介類の組み合わせ）

キャビアとジャガイモの組み合わせは多くのキャビア製造者のお気に入りだ。多くが勧める品種はイル・ド・レ，ラッテ，ピンク・ファー・アップル，ジャージー・ロイヤルといった煮くずれしにくいタイプだ。

形のいい新ジャガイモ…100g
サワークリーム…大さじ1
熟成キャビアまたはプレストキャビア…50g
生チャイブ［ハーブの一種］をきざん

だもの（最後に散らす）

1. 新ジャガイモの皮をこすり落とし，塩を入れずにやわらかくなるまで茹でる。
2. 小さいものは半割りにし，大きいものはリンゴの芯抜きを使って真ん中に穴を開け，ジャガイモの底を少し切り落としてひっくり返らないようにする
3. サワークリームとキャビアを，半割りのものにはその上にのせ，穴を開けたものにはその中に詰める。
4. 皿に並べてチャイブを散らす。
5. あるいは，半割りの温かいジャガイモを一皿に入れ，チャイブを散らせたサワークリームやキャビアとは別盛りにして提供するのもいい。

……………………………

◉ロブスターのパンナコッタ，キャビア添え

ロブスターやカニにサンゴの色をした卵がついていたりすると，一層豊かな味わいと華やかな彩りが楽しめる。カニのツメ肉を使ってもいい。

加熱して殻を取り除いたロブスターのツメ肉またはカニのツメ肉…150*g*
ゼラチンシート…1枚（11×14センチ）
ミルク…100*ml*
ダブルクリーム［乳脂肪分の多い濃厚なクリーム］…100*ml*
甘味のないベルモット［ワインと香草から作られる食前酒］…小さじ1
黒コショウ（粒）
キャビア…50*g*

1. ツメ肉を裂き，それからよくつぶしてペースト状にする。
2. ゼラチンをぬるま湯で10分ほどふやかしてやわらかくする。
3. ツメ肉，ミルク，クリーム，ベルモットを鍋に入れ，塩をひとつまみと，黒コショウを数回挽いて鍋に加える。
4. 3をよく混ぜて火にかけ，煮立ったら火から下ろす。
5. ゼラチンを湯から上げ，かき混ぜながら4に入れてよくなじませる。
6. 5を冷まして粗熱がとれたら，もう一度よくかき混ぜてラムカン皿に分け入れる。
7. 冷蔵庫に移してそのまま1時間ほど冷やす（パンナコッタが出来上がる）。
8. 提供する前に，ひっくり返すようにしてラムカン皿からパンナコッタを取り出し，その上にキャビアをきれいに広げる。

……………………………

◉殻カップ入りスクランブルエッグ

アヒルの卵または特大サイズの鶏卵…2個
黒コショウ（粒）
バター…50*g*
セヴルーガキャビアまたは熟成キャビア…50*g*
好みで生チャイブをきざんだもの…小

さじ1
細切りにしたバタートースト（焼きたての熱いもの）…2枚分

1. 卵は真ん中で割らずに一方の端のほうで割って，半熟卵をすくって食べたあとのような殻カップを作る。
2. 卵を小さなボウルに入れ，黒コショウを数回挽いて加え，手早くかき混ぜてなめらかにする。
3. 殻カップを壊さないよう注意して洗って乾かす。
4. 小さじ¼ほどのキャビアをそれぞれの殻の底に入れる。
5. 小鍋にバターを溶かして2の卵を入れてごく弱火でスクランブルエッグを作り，固まったら火から下ろして，小さじ半分ほどのキャビアを（好みでチャイブも）混ぜ入れる。
6. すぐに5をこんもりと3に詰め，残りのキャビアでトッピングする。
7. トーストを添えてテーブルに出す。その際ラムカン皿にのせてもいいし，大きなエッグスタンドを使ってもいい。

………………………………

◉カキとオシェトラの温製

テーブルに出したときにひっくり返らないよう，盛り付けの際にはパンや野菜，果物などで小さな四角形を作り，その上にカキを軽く押さえつけてのせておくといい。

カキ…8個
ダブルクリーム…大さじ3
オシェトラキャビア…25*g*

1. カキを慎重に殻から外して取っておく。
2. 身を外したあとの殻を（付着物などきれいに取り除いて）すすぎ，そこに1を戻す。
3. ひっくり返らないよう注意を払いながら，オーブン使用可能の皿に2を並べる。
4. カキを覆うようにクリームをのせて180℃で10～12分間焼く。
5. それぞれの皿にカキを盛り付け，クリームの上にキャビアを散らす。すぐに提供する。

………………………………

◉ブラック・アンド・ホワイト

これは北フランスのソアソン近郊にあるド・イェーガーのカタツムリの養殖場を見学して思いついた一品である。

カビアル・ド・エスカルゴ（カタツムリのキャビア）…25*g*
中サイズのトリュフ…1個（またはポルチーニ…2個）
ワサビオイル，バルサミコシロップ，ウォルナッツオイル…いずれも数滴
養殖のバエリキャビア（シベリアチョウザメのキャビア）…25*g*
サトウニンジン…1本
ミルク
サワークリーム…小さじ2～3

（ポルチーニを使う場合）
1. 両面をバターで軽く炒めてやわらかくし，温めた盛り皿の半分に移す。
2. 1の上にカタツムリのキャビアをのせる。
（生のトリュフを使う場合）
1. ごく薄くスライスし，温めた盛り皿の半分に重なり合うような輪をふたつ作る。
2. 輪の真ん中にカタツムリのキャビアをのせる。
（いずれの場合も以降は同じ）
3. 2種のオイルとバルサミコシロップを周囲に垂らす。
4. サトウニンジンの皮をむいてミルクの中で丸ごと茹でて，冷めたらごく薄い輪切りにする。
5. 4を使って盛り皿の残り半分に重なり合うような輪をふたつ作り，真ん中に小さじ1杯ほどのサワークリームをのせる。
6. 5にシベリアチョウザメのキャビアをのせ，すぐに提供する。

....

◉アボカド，燻製ニシンのキャビア添え

アボカド（サイズは問わないが熟したもの）…1個
赤タマネギ（細かくみじん切りしたもの）…小さじ2
ウォルナッツオイル…小さじ4
燻製ニシンのキャビア…50g

1. アボカドの皮をむき，タネを取り除く。
2. 1を輪切りあるいは半月切りにスライスする。
3. 赤タマネギにウォルナッツオイルを混ぜてアボカドの上にかける。
4. 3にこんもり盛った燻製ニシンのキャビア添えて提供する。

....

◉キャビ－アート（Cavi-Art）を使ったレイヤード・オムレツ

このレシピはカナダ人シェフのクリスチャン・フェレイラがイェンス・ミュラーの海藻キャビアのために考案したものだが，人工着色の魚卵と組み合わせてもおいしく出来上がる。

鶏卵…4個
バター…（オムレツを焼くためのもの）
海藻で作られたブラックキャビア…大さじ1
海藻で作られたレッドキャビア…大さじ1
海藻で作られたゴールデンキャビア…大さじ1
焚き上がった赤米飯…ラムカン2皿分
チャイブかチャイブの花あるいは両方（飾り用）

1. 鶏卵1個に小さじ2杯の水と黒コショウを少量挽いて加える（4個とも同じように準備する）。
2. 15センチのソテーパンに少量のバターを熱し，1で準備した卵で薄いオムレ

ツを4枚作って皿に移しておく。

3. オムレツに1色ずつキャビアをのせて3枚を重ね，最後の1枚を一番上に重ねると4層のオムレツが出来上がる。
4. よく切れるナイフできれいに半分に切り，赤米飯を添え，チャイブやチャイブの花をあしらって温かいうちに提供する。

…………………………………

◉ソラマメとターニップのサラダ，サーモンのキャビア添え

友人であり日本のフードライターでもエミ・カズコが考案した一品。[これは4人分の作り方と思われる]

ソラマメ（さやに入ったまま）…800*g*～1*kg*
白のベビーターニップ（小カブ）…8個
乾燥ワカメ（海藻の若芽）…1袋（5*g*）
サーモンのキャビア…大さじ4～5

（ワサビ・ドレッシング）
練りワサビ…小さじ¾～1
エクストラ・バージンオイル…大さじ2
米酢またはワインビネガー（白）…大さじ2
醤油…大さじ½
塩・コショウ…適宜

1. ソラマメはさやから出し，たっぷりの薄い塩水をまず煮立てる。
2. 1のソラマメを準備した湯に入れて強火で4分茹でて湯切りし，冷水をかけ続けて手早く冷まし，皮をむいておく。
3. ワカメを十分な水の中でもどし，5分経ったら水気を切っておく。
4. ベビーターニップは茎の部分を切り落とし，膨らんだ根の部分を縦に4等分し，ここでもまずたっぷりの薄い塩水を煮立てる。
5. 4のターニップを準備した湯の中に入れて中火で8分ほど茹でて，やわらかくなったら，湯切りして，ソラマメと同じように，冷水をかけ続けて冷やす。
6. キッチンペーパーで軽く包むようにして，5のターニップの水気を取る。
7. ワサビ・ドレッシングの材料すべてを小さなボウルに入れ，ワサビと塩が溶けるまで，よくかき混ぜる（好みでワサビの代わりにマスタードを使ってもいい）。
8. 2のソラマメ，3のワカメ，6のターニップを深めのボウルに入れて混ぜ，7のドレッシングをかけて，ドレッシングの味が全体に馴染むように，ていねいに和える。
9. それぞれの皿かサラダボウルに8を盛り，大さじ1杯分ほどのサーモンのキャビアを散らす。冷やして提供する。

ニコラ・フレッチャー（Nichola Fletcher）
フードライター。宝飾デザイナーでもある。英国フードライター協会会員。食物史および料理に関する著書多数。『ニコラ・フレッチャーの究極の鹿肉料理 *Nichola Fletcher's Ultimate Venison Cookery*』でグルマン世界料理本大賞シングルサブジェクト部門（2008年）を受賞。2014年，鹿肉産業への貢献が認められてMBE（大英帝国五等勲爵士）を受勲。

大久保庸子（おおくぼ・ようこ）
南山大学外国語学部卒業。オハイオ大学大学院（言語学），ハワイ大学大学院（日本語学）修士課程修了。訳書に『ハロウィーンの文化誌』，『「食」の図書館　パイナップルの歴史』（いずれも原書房）などがある。

「食」の図書館

キャビアの歴史

●

2017年9月20日　第1刷

著者……………ニコラ・フレッチャー
訳者……………大久保庸子
装幀……………佐々木正見
発行者……………成瀬雅人
発行所……………株式会社原書房

〒160-0022 東京都新宿区新宿1-25-13
電話・代表03(3354)0685
振替・00150-6-151594
http://www.harashobo.co.jp

印刷……………新灯印刷株式会社
製本……………東京美術紙工協業組合

ISBN 978-4-562-05409-1, Printed in Japan

ソースの歴史 《「食」の図書館》

メアリアン・テブン著　伊藤はるみ訳

高級フランス料理からエスニック料理、B級ソースまで…世界中のソースを大研究！　実は難しいソースの定義、進化と伝播の歴史、各国ソースのお国柄、「うま味」の秘密など、ソースの歴史を楽しくたどる。　２２００円

水の歴史 《「食」の図書館》

イアン・ミラー著　甲斐理恵子訳

安全な飲み水の歴史は実は短い。いや、飲めない地域は今も多い。不純物を除去、配管・運搬し、酒や炭酸水として飲み、高級商品にもする…古代から最新事情まで、水の驚きの歴史を描く。　２２００円

オレンジの歴史 《「食」の図書館》

クラリッサ・ハイマン著　大間知知子訳

甘くてジューシー、ちょっぴり苦いオレンジは、エキゾチックな富の象徴、芸術家の霊感の源だった。原産地中国から世界中に伝播した歴史と、さまざまな文化や食生活に残した足跡をたどる。　２２００円

ナッツの歴史 《「食」の図書館》

ケン・アルバーラ著　田口未和訳

クルミ、アーモンド、ピスタチオ…独特の存在感を放つナッツは、ヘルシーな自然食品として再び注目を集めている。世界の食文化にナッツはどのように取り入れられていったのか。多彩なレシピも紹介。　２２００円

ソーセージの歴史 《「食」の図書館》

ゲイリー・アレン著　伊藤綺訳

古代エジプト時代からあったソーセージ。原料、つくり方、食べ方…地域によって驚くほど違う世界中のソーセージの歴史。馬肉や血液、腸以外のケーシング（皮）などの珍しいソーセージについてもふれる。　２２００円

（価格は税別）

脂肪の歴史 《「食」の図書館》

ミシェル・フィリポフ著　服部千佳子訳

絶対に必要だが嫌われ者…脂肪。油、バター、ラードほか、おいしさの要であるだけでなく、豊かさ（同時に「退廃」）の象徴でもある脂肪の驚きの歴史。良い脂肪／悪い脂肪論や代替品の歴史にもふれる。　２２００円

バナナの歴史 《「食」の図書館》

ローナ・ピアッティ＝ファーネル著　大山晶訳

誰もが好きなバナナの歴史は、意外にも波瀾万丈。栽培の始まりから神話や聖書との関係、非情なプランテーション経営、「バナナ大虐殺事件」に至るまで、さまざまな視点でたどる。世界のバナナ料理も紹介。　２２００円

サラダの歴史 《「食」の図書館》

ジュディス・ウェインラウブ著　田口未和訳

緑の葉野菜に塩味のディップ…古代のシンプルなサラダがヨーロッパから世界に伝わるにつれ、風土や文化に合わせて多彩なレシピを生み出していく。前菜から今ではメイン料理にもなったサラダの驚きの歴史。　２２００円

パスタと麵の歴史 《「食」の図書館》

カンタ・シェルク著　龍和子訳

イタリアの伝統的パスタについてはもちろん、悠久の歴史を誇る中国の麵、アメリカのパスタ事情、アジアや中東の麵料理、日本のそば／うどん／即席麵など、世界中のパスタと麵の進化を追う。　２２００円

タマネギとニンニクの歴史 《「食」の図書館》

マーサ・ジェイ著　服部千佳子訳

主役ではないが絶対に欠かせず、吸血鬼を撃退し血液と心臓に良い。古代メソポタミアの昔から続く、タマネギやニンニクなどのアリウム属と人間の深い関係を描く。暮らし、交易、医療…意外な逸話を満載。　２２００円

（価格は税別）

カクテルの歴史《「食」の図書館》
ジョセフ・M・カーリン著　甲斐理恵子訳

氷やソーダ水の普及を受けて19世紀初頭にアメリカで生まれ、今では世界中で愛されているカクテル。原形となった「パンチ」との関係やカクテル誕生の謎、ファッションその他への影響や最新事情にも言及。

2200円

メロンとスイカの歴史《「食」の図書館》
シルヴィア・ラブグレン著　龍和子訳

おいしいメロンはその昔、「魅力的だがきわめて危険」とされていた!? アフリカからシルクロードを経てアジア、南北アメリカへ…先史時代から現代までの世界のメロンとスイカの複雑で意外な歴史を追う。

2200円

人はこうして「食べる」を学ぶ
ビー・ウィルソン著　堤理華訳

肥満、偏食、拒食、過食…わかってはいるけど、ではどうすればいい？ 日本やフィンランドの例も紹介しつつ、食に関する最新の知見と「食べる技術／食べさせる知恵」を〝母親目線〟で探るユニークな書！

2800円

砂糖の社会史
マーク・アロンソン／マリナ・ブドーズ著　花田知恵訳

奴隷たちの苛酷な労働から生まれた砂糖が農業、流通を変え、やがては世界を動かした。天国と地獄をあわせもつ「完璧な甘味」の社会史を、多くの図版とコラムもまじえ、わかりやすい記述で紹介。

2500円

バーボンの歴史
リード・ミーテンビュラー著　白井慎一監訳

数々の伝説につつまれた草創期からクラフトバーボンが注目される現代まで、政治や経済にも光を当てて描く、はじめての本格的なバーボンの歴史。初心者もマニアも楽しめる情報満載の一冊。

3500円

（価格は税別）